乡村振兴·农民教育培训系列教材

NONGZUOWU BINGCHONGHAI LÜSE FANGKONG XIN JISHU

农作物病虫害绿色防控新技术

◎ 张文强　郑振宇　张存库　主编

中国农业科学技术出版社

图书在版编目(CIP)数据

农作物病虫害绿色防控新技术 / 张文强，郑振宇，张存库主编. --北京：中国农业科学技术出版社，2023.8（2025.1重印）
ISBN 978-7-5116-6337-5

Ⅰ.①农… Ⅱ.①张…②郑…③张… Ⅲ.①作物-病虫害防治-无污染技术 Ⅳ.①S435

中国国家版本馆 CIP 数据核字（2023）第 121048 号

责任编辑　周　朋
责任校对　王　彦
责任印制　姜义伟　王思文

出 版 者	中国农业科学技术出版社
	北京市中关村南大街 12 号　邮编：100081
电　　话	（010）82106631（编辑室）　（010）82109702（发行部）
	（010）82109709（读者服务部）
网　　址	http://www.castp.cn
经 销 者	各地新华书店
印 刷 者	北京中科印刷有限公司
开　　本	140 mm×203 mm　1/32
印　　张	5.75
字　　数	150 千字
版　　次	2023 年 8 月第 1 版　2025 年 1 月第 2 次印刷
定　　价	26.00 元

◀━━ 版权所有·翻印必究 ━━▶

编委会

《农作物病虫害绿色防控新技术》

主　编	张文强	郑振宇	张存库	
副主编	李　烈	常德军	朱　发	胡安新
	严纪发	张　喆		
编　委	王宝利	缪志新	叶继刚	陈钦彦
	刘　玥	关立松	吕仕大	姚显顺
	崔力超	张建东	刘丽红	刘　倩
	郝竞霄	肖俊俊	杨晓力	

前言

农作物栽培管理过程中，病虫害防控是一项重要的基础性工作。一直以来，传统农业生产方式下的农作物病虫害防控主要依靠施用农药，这不仅影响农产品的质量，也给人们的身体健康带来一定的隐患。

随着人们对生活质量的要求不断提升，食品安全问题成为重中之重。农业生产中为提高农作物安全质量，病虫害绿色防控技术成为一项核心内容。

本书结合农作物病虫害发生的新变化以及生产中采用的新技术，参考全国农业技术推广服务中心新印发的农作物重大病虫害防控技术方案编写而成。本书分为八章，分别为农作物病虫害绿色防控概述、绿色防控主推技术、科学安全用药技术、植保无人机施药技术、粮食作物病虫害绿色防控技术、经济作物病虫害绿色防控技术、果树病虫害绿色防控技术、蔬菜病虫害绿色防控技术。本书内容丰富，深入浅出，注重实用性和可操作性，可作为从事农业生产与农作物病虫害防治技术人员的培训教材，也可供农业管理人员、农药经营者及农民朋友参考使用。

由于时间仓促，编者水平有限，书中难免存在不足之处，欢迎广大读者批评指正！

编 者
2023 年 4 月

目录

第一章 农作物病虫害绿色防控概述 ………………………… 1
  第一节 农作物病虫害的类型 ………………………………… 1
  第二节 农作物病虫害防控面临的问题 …………………… 3
  第三节 农作物病虫害绿色防控 …………………………… 5

第二章 绿色防控主推技术 ………………………………… 7
  第一节 生态调控技术 ……………………………………… 7
  第二节 物理防控技术 ……………………………………… 18
  第三节 生物防控技术 ……………………………………… 28

第三章 科学安全用药技术 ………………………………… 34
  第一节 农药的概念和分类 ………………………………… 34
  第二节 农药的稀释和混合 ………………………………… 39
  第三节 选择合适的喷雾法 ………………………………… 44
  第四节 科学安全用药注意事项 …………………………… 48

第四章 植保无人机施药技术 ……………………………… 53
  第一节 植保无人机施药概述 ……………………………… 53
  第二节 植保无人机施药的专用药剂 ……………………… 55
  第三节 植保无人机施药助剂 ……………………………… 57
  第四节 植保无人机施药流程 ……………………………… 61

第五章 粮食作物病虫害绿色防控技术 …………………… 65
  第一节 玉米病虫害绿色防控 ……………………………… 65
  第二节 水稻病虫害绿色防控 ……………………………… 72
  第三节 小麦病虫害绿色防控 ……………………………… 79
  第四节 马铃薯病虫害绿色防控 …………………………… 83

第六章　经济作物病虫害绿色防控技术 · · · · · · · · · · · · · · · ·　90
第一节　大豆病虫害绿色防控 · · · · · · · · · · · · · · · · · · ·　90
第二节　花生病虫害绿色防控 · · · · · · · · · · · · · · · · · · ·　93
第三节　油菜病虫害绿色防控 · · · · · · · · · · · · · · · · · · ·　96
第四节　棉花病虫害绿色防控 · · · · · · · · · · · · · · · · · · ·　101
第五节　茶树病虫害绿色防控 · · · · · · · · · · · · · · · · · · ·　106

第七章　果树病虫害绿色防控技术 ·　110
第一节　苹果病虫害绿色防控 · · · · · · · · · · · · · · · · · · ·　110
第二节　梨病虫害绿色防控 ·　116
第三节　柑橘病虫害绿色防控 · · · · · · · · · · · · · · · · · · ·　120
第四节　葡萄病虫害绿色防控 · · · · · · · · · · · · · · · · · · ·　126

第八章　蔬菜病虫害绿色防控技术 ·　130
第一节　豇豆病虫害绿色防控 · · · · · · · · · · · · · · · · · · ·　130
第二节　辣椒病虫害绿色防控 · · · · · · · · · · · · · · · · · · ·　136
第三节　茄子病虫害绿色防控 · · · · · · · · · · · · · · · · · · ·　139
第四节　黄瓜病虫害绿色防控 · · · · · · · · · · · · · · · · · · ·　142
第五节　韭菜病虫害绿色防控 · · · · · · · · · · · · · · · · · · ·　146
第六节　芹菜病虫害绿色防控 · · · · · · · · · · · · · · · · · · ·　150
第七节　保护地蔬菜病虫害绿色防控 · · · · · · · · · · · · · ·　153

附录　农药管理条例 ·　158

参考文献 ·　178

第一章　农作物病虫害绿色防控概述

第一节　农作物病虫害的类型

一、农作物病害的分类

农作物病害种类较多,从引起病害原因分类,分为侵染性病害和非侵染性病害两大类。

(一) 侵染性病害

侵染性病害又称传染性病害,是由病原生物入侵引起。由于侵染源的不同,又分为真菌性病害、细菌性病害、病毒性病害、线虫性病害、寄生性病害等多种类型。如稻瘟病和小麦赤霉病均为真菌性病害;软腐病、溃疡病和青枯病等为细菌性病害;烟草花叶病为病毒病害;大豆孢囊线虫、根结线虫为线虫性病害;菟丝子为植物寄生性病害。

侵染性病害的特点为可相互传染,有病状和病症,有侵染过程。由病灶逐步扩大为害,全株发病或局部发病。侵染性病害的发生须要病原、感病农作物、环境三者同时满足发病条件时才能发生。

(二) 非侵染性病害

非侵染性病害又称非传染性病害或生理性病害,是由自身的生理缺陷或遗传性病害或由于在生长环境中有不适宜的物理、化学等因素，直接或间接引起的一类病害。这类病害主要包括缺钙症、缺镁症、缺钾症、缺锰症、缺锌症、缺铁症、缺铜症和缺硼症等。

非侵染性病害的特点为不传染，有症状而无病症，发生范围较大，均匀发病，病情可由轻到重，但无发病中心。感病植株基本上全株发病。但致病因素消失后，则不再发展，不需要药剂治疗。

二、农作物虫害的分类

害虫的种类有很多，但同一地区数量比较多、为害比较重的一般都是固定的几种。根据取食方式的不同，农作物害虫大致可以分为食叶、吸汁、蛀干以及地下害虫。

（一）食叶害虫

食叶害虫主要取食叶片、嫩梢，对农作物为害较重，常见的各类青虫、毛虫以及部分甲虫都可为害，其为害特点明显，因此比较容易防治。

（二）吸汁害虫

吸汁害虫主要包括蚜虫、介壳虫、粉虱等，容易造成叶片皱缩或煤污病，聚集性比较强，因此也不难防治，但由于其繁殖能力较强因此需要及时预防或发现灭杀。

（三）蛀干害虫

蛀干害虫经常导致苗木枝条甚至整株死亡，主要为天牛、吉丁虫、木蠹蛾之类的幼虫。

（四）地下害虫

地下害虫一般为害较为隐蔽，主要为害根部以及小苗，对小苗危害较大，主要为蛴螬、地老虎、金针虫、蝼蛄等。

三、农作物病虫害的危害程度分级

根据农作物病虫害的特点及其对农业生产的危害程度,可将农作物病虫害分为下列3类。

(一) 一类农作物病虫害

一类农作物病虫害是指常年发生面积特别大或者可能给农业生产造成特别重大损失的农作物病虫害,其名录由农业农村主管部门制定、公布。例如,小麦条锈病、稻瘟病、油菜菌核病、草地贪夜蛾、飞蝗、草地螟、黏虫、稻飞虱等。

(二) 二类农作物病虫害

二类农作物病虫害是指常年发生面积大或者可能给农业生产造成重大损失的农作物病虫害,其名录由省、自治区、直辖市人民政府农业农村主管部门制定、公布,并报农业农村主管部门备案。例如,土蝗、玉米螟、大豆蚜虫、水稻潜叶蝇、稻水象甲、玉米大斑病、水稻纹枯病、大豆疫霉病菌等被列在《黑龙江省二类农作物病虫害名录》中。

(三) 三类农作物病虫害

三类农作物病虫害是指一类农作物病虫害和二类农作物病虫害以外的其他农作物病虫害。

新发现的农作物病虫害可能给农业生产造成重大或者特别重大损失的,在确定其分类前,按照一类农作物病虫害管理。

第二节 农作物病虫害防控面临的问题

一、病虫害种类变化

由于全球气候变暖,极端气候事件增加,农业种植结构相对单一、病虫害的抗药性大大增强，使农作物病虫害暴发的范围变大、种类变多、为害严重、发病频次增加，农作物病虫害问题更加严重、突出，防控工作难度加大。

二、治理时机不准

对农作物所出现的病虫害进行防控，需要选择在病虫害大规模发生前进行，可很多农业工作人员无法把握好这个时机，往往因为延误最佳防控时机而造成病虫害泛滥，增加了防治难度，浪费时间、人力、物力和财力。

三、缺少先进的技术

农作物病虫害防控并不是一项简单的工作，需要运用先进的技术，但是从实际情况来看，大多数从事农作物病虫害防控工作的人员并不掌握先进技术，其往往会采用传统防治措施开展防治工作，而且由于对病虫害的了解较少，常常会出现乱用农药的情况，这样不仅会影响农作物的生长，而且会造成土壤及周围环境的污染。

四、缺少防控设备

开展农作物病虫害防控工作，离不开先进设备的使用，但是我国目前的施药设备以中型喷雾器为主，这种设备过于落后，完全达不到病虫害专业化防治的效果，而且药物损失率较高，在一定程度上也会造成环境的污染。

第三节　农作物病虫害绿色防控

一、农作物病虫害绿色防控的概念

农作物病虫害绿色防控是指以确保农业生产、农产品质量和农业生态环境安全为目标，以减少化学农药使用为目的，优先采取生态控制、生物防治和物理防治、科学用药等环境友好型技术措施控制农作物病虫为害的行为。

农作物病虫害绿色防控可以保证农作物生长时免受病虫侵害，大幅度提高农产品质量。合理应用不仅能减少防治时带给自然的危害，还起到保护生态的作用。

二、农作物病虫害绿色防控的意义

（一）保护生态

农业生产过程中，农作物、病虫、天敌三者共同生活在一个环境中，它们的发生、消长、生存又与这个环境的状态关系极为密切，生物与环境共同构成一个生态系统。绿色防控就是在农作物栽培管理过程中，通过有针对性地调节和操纵生态系统里一些组成部分，以创造一个有利于植物及害虫天敌生存，而不利于病虫滋生和发展的环境条件，从而预防或减少病虫的发生与为害。

（二）安全有效

绿色防控就是在针对控制病虫为害对整个生态系统当时和以后的影响的基础上，灵活、协调地选用一种或几种适合农作物生产实际条件的有效技术和方法。如农作物管理技术、害虫天敌的保护和利用、物理机械防治、化学防治等措施。对不同的病虫害，采用不同的对策，措施之间相互辅佐，取长补短，并注意实施的时间和方法，达到最好的防治效果。同时，将对生态系统内外产生的副作用降到最低限度，既控制了病虫为害，又保护了人类、害虫天敌和植物的安全。

三、农作物病虫害绿色防控对策

一是立足于生态学和环境保护的观点，分析病虫害的自然控制因素，在农作物生产、栽培管理等过程中，充分应用改善农事操作、设施结构、温湿度及水分调节等栽培管理技术控制病虫害的发生和流行程度，形成农业、物理控制体系。

二是根据病虫害与天敌之间的相互依存和互相制约这一自然规律，优先利用自然因素，特别是保护和利用天敌，同时，适当运用人工防治手段，如害虫不育技术、引诱（糖醋液、诱虫灯）扑杀、粘虫板、生物菌剂等技术控制病虫害的发生和流行，形成生物、物理控制体系。

三是在应用农业、物理、生物措施的基础上必要时施用无公害或高效低毒的农药，预防病虫害的发生，降低病虫害发生程度。控制病虫害为害程度在允许范围内。

第二章 绿色防控主推技术

第一节 生态调控技术

生态调控技术就是推广抗病虫良种、优化作物布局、改善水肥管理等健康栽培措施,并结合农田生态工程、生草覆盖、作物间套作等生物多样性调控与自然天敌保护利用等技术,改造病虫害发生源头及滋生环境,人为增强自然控害能力和作物抗病虫害能力。

一、选育抗病虫良种

(一) 选育抗病虫良种概述

选育抗病虫的高产良种是防治病虫害最经济、最有效的办法,农作物对病虫害有一定的抵抗性,这是农作物的一种特性。但其抵抗性程度往往差异很大,作物不同品种间抗病虫害能力的差异,主要是由于品种间形态或生理上的不同而形成的。如较抗赤霉病的小麦品种,一般具有穗形疏松、麦粒稀散、开花历期短、颖壳紧闭、光滑等形态特征。

为了获得抗病虫品种,从外地引种和现有材料中选择,或者通过有性杂交或无性杂交的方法,在杂交后代中并通过自然鉴定或人工接种诱发鉴定,可以造出较好的抗病虫害和高产品种。此外,还可利用电离辐射、化学激素处理、太空育种等诱发植物变异,选出抗病虫品种(系),对已有抗病虫品种(系),还要不断选择、培育和复壮,同时注意保证高产和优质。

(二)主要粮食作物的抗病品种

1. 小麦的抗病品种

(1)鄂麦170

鄂麦170是湖北省2014年唯一审定的小麦优质高产新品种。鄂麦170属于半冬性早熟抗寒性好的优质品种,白色籽粒,角质光亮,籽粒饱满度良好,属优质麦标准。茎秆粗壮弹性好,抗倒伏性很强。植株集中紧凑,茎秆蜡层厚,抗病性非常好。大穗大籽粒,产量高,通常亩产600千克左右(1亩≈667米^2,全书同)。

(2)太麦198

太麦198是优质、抗性强、高产、适应性广泛的新品种。它具有中抗赤霉病、矮秆、高产、广适等突出优点,具备冀鲁豫麦区大品种和换代品种的潜力。它同时抗小麦叶锈病、白粉病和纹枯病。太麦198属大穗品种,平均亩产在630千克左右。

(3)洛麦26

洛麦26是黄淮麦区唯一的各方面特性超越矮抗58的新品种,使用和推广前景不可限量。洛麦26矮秆弹性好,高抗倒伏;属半冬性多穗型中早熟优质品种,幼苗生长健壮,抗寒能力强,抗倒春寒;抗干热风,早熟性好;植株健壮紧凑,旗叶宽长,叶片肥大,光合作用强;大穗大籽粒,产量三要素数据高,一般亩产不低于650千克。

(4)中麦875

中麦875是中国农业科学院选育的大穗、抗寒、抗干热风优质高产新品种。它属于半冬性中早熟品种,冬季抗寒性较强,无冻害,抗倒春寒能力强;大穗大籽粒,产量三要素比较高,籽粒鲜亮饱满，商品性好，粉质优良，属于优质小麦；对小麦叶枯病、赤霉病抗性强，高抗倒伏，根系发达，叶功能好，灌浆速度快，耐旱耐高温，抗干热风；产量比普通品种要高。

（5）泛麦803

泛麦803属半冬性中早熟小麦品种，完美地继承了邯6172抗寒、抗病、广适、耐高温和周麦16矮秆、大穗的优点，是一个集矮秆、大穗、抗病、抗干热风、早熟等优点于一身的优异小麦新品种。主要抗条锈病、白粉病和纹枯病。

小麦具有多抗性、优质高产的品种非常多，在种植过程中，要选择适合本地气候特点和自然条件的好品种。

2. 玉米的抗病品种

（1）廉玉1号

廉玉1号玉米品种适宜在甘肃、宁夏、内蒙古、新疆、山西等中晚熟区种植。活秆成熟、抗病、抗倒伏、株型紧凑、透光性好。经河北省农林科学院植物保护研究所鉴定，廉玉1号抗小斑病、茎腐病、玉米螟，高抗大斑病、矮花叶病。

（2）豫禾988

豫禾988玉米品种主要特点是高产、稳产、抗病性强，抗逆性强。经河北省农林科学院植物保护研究所鉴定，2010年，高抗矮花叶病，中抗小斑病、大斑病、茎腐病；2011年，高抗矮花叶病，中抗小斑病、茎腐病，感大斑病。

（3）伟科966

伟科966玉米品种适宜在黄淮海玉米主产区（北京、天津、河北保定及以南地区、山西南部、河南、山东、安徽淮北、陕西关中灌区等区域）种植。叶片肥厚、浓绿，株型紧凑，通透性好，茎秆坚韧；抗大斑病、小斑病、褐斑病和锈病。

(4) 齐单 1 号

齐单 1 号玉米品种适宜在我国西南地区、山东省玉米种植区及东北、华北春播区种植。高产稳产、抗病、抗倒伏、适应性广、根系发达、抗旱性好。高抗小斑病、瘤黑粉病、矮花叶病，抗大斑病、弯孢菌叶斑病。

(5) 鲁单 6076

鲁单 6076 玉米品种在山东省适宜地区可作为夏玉米品种种植。该品种是高产稳产品种，品质优良、抗病性强。高抗矮花叶病，中抗小斑病、大斑病、弯孢叶斑病和茎腐病。

3. 水稻的抗病品种

(1) 中嘉早 32

中嘉早 32 水稻全生育期约 109.2 天，株型紧凑，分蘖中等，剑叶挺直，后期转色好，穗型大，着粒密，结实率高，综合表现中抗稻瘟病和白叶枯病。

(2) 甬优 6 号

甬优 6 号水稻属籼粳杂交新组合，强根、壮秆、厚叶、大穗，具有超高产株型结构、稳产习性，中抗稻瘟病和白叶枯病，可作单季中稻种植。

(3) 甬优 9 号

甬优 9 号水稻为中熟偏迟单季籼粳杂交晚稻，全生育期 145 天左右。株型集散适中，茎秆粗壮，株高适中，分蘖中等，抗倒性好；穗型大，生长整齐，丰产性好；较抗稻瘟病、白叶枯病和褐飞虱。

(4) 中浙优 8 号

中浙优 8 号水稻为迟熟杂交中籼，全生育期 137 天左右，株型挺拔，分蘖力强，穗大粒多，后期熟相较好，中抗稻瘟病。

(5)龙粳25

龙粳25水稻为粳稻,剑叶较短且张开角度小,整齐一致,分蘖力强,幼苗长势强,后熟快,抗倒性强。黑龙江省品种审定委员会指定稻瘟病鉴定单位鉴定其为抗稻瘟病品种。

二、合理耕作方式

合理耕作方式可使作物生长良好,提高其抗病虫害能力。改变田间环境,可使其不利于病虫滋生和繁殖,从而减轻病虫、杂草的发生为害,以达到减药、控害、增效的目的。

(一) 深翻土地

许多虫卵、病原菌及杂草的种子多是在土壤里进行越夏(冬)。深翻土地,可使虫卵、病原菌、杂草种子暴露于土表,失去适宜的生存条件,从而失去生命活力。尤其是在北方,冬翻土地是消灭菌(虫卵)源,控制其发生为害的重要措施之一。

(二) 轮作倒茬

在烟粉虱发生严重的菜园,要尽量避免茄科、葫芦科、豆科和十字花科蔬菜间的连茬、连作,而实施与葱、蒜、姜和菠菜等烟粉虱不喜欢的作物轮茬、轮作,可降低烟粉虱种群发生量。尤其是秋冬茬轮作,对压低烟粉虱越冬代基数,减轻翌年发生为害有显著效果。水旱轮作,可使为害旱地作物的小地老虎显著减少,也可使为害水稻的螟虫、食根叶甲和稻水象甲减少,此外还对控制土传病害如番茄青枯病、根结线虫病和甘薯瘟病也有效。

(三) 合理密植

单株营养面积适当、通风透光正常、发育条件良好,作物可生长健壮,抗病虫性会相应地提高,合理密植可使作物产量增加,而因病虫为害导致的损失率相对降低。对于水稻而言,合理密植还可缩短水稻的分蘖期,并使抽穗整齐,减少稻螟为害机会。

(四) 间种套种

间种套种对减少病虫草害也有一定的作用，如棉、麦间作对防治棉蚜有利，这是由于麦子的天敌可直接迁移到棉花上消灭蚜虫，并能防止棉蚜迁飞传播。再如春夏连片种植大白菜等十字花科蔬菜时可在行间、田边种植一定数量的毛芋［大白菜:毛芋＝(10~15)∶1］，可使斜纹夜蛾大量地集中在毛芋上产卵，孵化为小幼虫窝，然后加以集中消灭，从而大大地减少斜纹夜蛾对十字花科蔬菜的为害，这是经农业生产实践证明可行的控制害虫为害的有效措施。

(五) 施用石灰

土壤偏酸性的地区（pH<7），有利于细菌性青枯病和十字花科蔬菜根肿病的发生。在种植蔬菜前，结合翻地，每亩施用50~100千克生石灰调节土壤酸碱度，消灭土壤里的病菌，可明显地控制上述两种病害的发生。

(六) 中耕除草

稻田和菜田通过中耕除草，尤其是采用化学除草，可消灭某些病害和害虫寄生的杂草，如稗草是大螟和稻纹枯病的中间寄主，小蓟和野生番茄是地老虎产卵的场所，清除杂草可减轻病虫害的发生与传播。中耕除草还能使作物生长、发育的环境得到改善，抑制病虫的发生和为害。如马铃薯适时中耕、培土可以防止疫病的病菌侵染地下块茎，减轻其为害。清洁田园，绑蔓上架，摘除病、老黄叶，深埋处理，对控制番茄灰霉病、菌核病、叶霉病、潜叶蝇、烟粉虱、茶黄螨和斜纹夜蛾等病虫害有重要作用。

(七) 合理施肥

合理施肥能改善作物营养条件、提高作物抗病虫害的能力和减少病虫为害损失，是获得丰收、增产、增效的有力措施。缺肥、缺水的作物生长不良，使一些病虫害容易发生，如水稻、茭白胡麻斑病和十字花科病毒病等。缺乏肥料、生长衰弱的植株上含有较多的糖和蛋白质的水解产物，为蚜虫和螨等害虫提供了营养条件，常常促进这些害虫大量繁殖。因此，适当合理施肥可以减轻病虫害为害。施肥还可加快作物的生长发育速度，避开害虫盛期，可以加速虫伤部分的愈合。目前在水稻和蔬菜施用叶面肥（根外追肥），可促进叶绿素增加，使植株生长健壮，提高植株抗病能力。如果施肥不当或过多，也能造成病虫发生和繁殖的有利条件。偏施和过迟、过量施用氮肥，会造成作物枝叶徒长，组织软弱，常引起水稻白叶枯病和稻纹枯病、番茄灰霉病和晚疫病等发生。稻田氮肥多，水稻叶色浓绿，可招致稻飞虱、叶蝉和螟虫的为害。施用不带病菌、虫卵的腐熟肥料，可控制病、虫、杂草的传播来源。所以，及时、合理、科学地施肥，注意氮、磷、钾的配合，是防治病虫草害的有效措施。

（八）科学排灌水

科学排灌水可以使病虫生活环境发生很大的变化，特别是对于生存在土壤中、表土层及作物茎基部的害虫影响最大，如地老虎、蛴螬和蝼蛄等，灌水常常可以使这些地下害虫大量死亡。南方菜区，在7—8月高温季节，采用高温（使棚内温度达50～60℃）、灌深水10厘米左右、闷棚3～5天的方法，让农田休闲一段时间（15天左右），可杀死土壤里多种病原菌和虫卵。

适当的排水晒田能降低田间的湿度，可使作物茎叶坚硬、挺拔，提高抗病力，并抑制病菌生长、繁殖，显著减少病害。如浅水勤灌，适时适量地排水晒田，可以明显地抑制水稻稻瘟病、纹枯病、白叶枯病和细条病等的发生蔓延。南方多雨季节，雨后及时排水，防止蔬菜淹水，可明显地减少根腐病、猝倒病、立枯病和枯萎病的为害。

三、设施栽培技术

设施栽培技术包括地膜覆盖、营养钵育苗、蔬菜大棚保护地栽培等。随着高新技术在设施蔬菜栽培中的应用，人们逐渐认识到其具有控制和减少农作物发生为害的功能与作用。

(一) 地膜覆盖

地膜覆盖是在地面应用防寒保温或降温的一种专用塑料薄膜进行覆盖的栽培技术，薄膜厚度仅有 0.010~0.015 毫米。地膜覆盖可在春寒天气提早栽培蔬菜，也可在夏季进行遮光降温栽培蔬菜，它是一种简易覆盖的方法，对于解决早春和初冬的蔬菜供应起到重要作用。地膜覆盖技术被广泛地应用在玉米、棉花、草莓、茄果、瓜类、芹菜和花椰菜等多种作物上。地膜覆盖栽培具有以下几方面的功能与作用。

1. 改善作物生长的生态条件

地膜覆盖与露地栽培相比，使蔬菜等作物生长的土壤受到了地膜的保护，使其不直接受到强光的暴晒、暴雨的淋冲及风沙的侵袭，使土壤处于一个相对稳定的状态，从而改善了作物生长的生态条件。

2. 提高土壤温度

地膜覆盖提高了土壤温度，据测试，覆盖后土壤耕作层（地下 5~10 厘米）温度一般比露地提高 2~4℃，浅土层的增温效果要比深土层更明显。

3. 改善田间光照条件

通过地膜吸光作用，可将部分阳光反射到蔬菜植株上去，使植株下部获得较好的光照条件，提高蔬菜等作物对光的利用率。

4. 保墒提墒

地膜覆盖防止了水分的直接蒸发，因而能保持均匀而稳定的土壤水分，起到了保墒、提墒作用。

5. 土壤速效养分增多

由于地膜覆盖有良好的热效应，有利于微生物的活动，加速了土壤中有机质的分解，使硝化作用旺盛，硝态氮增多，容易被作物利用。土壤中二氧化碳也明显增加，有利于蔬菜对养分的需要。

6. 有利于作物根系的生长，增加作物抗病能力

地膜覆盖有一定的护根作用，蔬菜不易发生根部病害，沤根、烂根等生理病害也会很少出现，特别是对青椒、番茄和西葫芦等蔬菜病毒病的发生有十分明显的抑制作用。

7. 减少杂草的为害

地膜覆盖可显著地控制和减少杂草发生与为害，控制草害率可达80%左右，杀草膜（地膜内含有除草剂的成分）的效果更为明显，除草剂从膜内析出，溶解在膜下的小水滴中，水滴滴在畦面上，形成一层覆盖药液层，杂草幼芽一出土接触药剂即被杀死，可确保蔬菜一生无草害。

（二）蔬菜保护地营养钵育苗

随着蔬菜等作物反季节、周年生产及栽培技术的发展，人们越来越认识到培育壮苗在蔬菜生产过程中的作用。目前，在瓜类、茄果类和豆类等生产过程中，大多采用保护地营养钵育苗技术。无论是冬季还是夏季种植蔬菜均可以采用这项育苗技术，一般而言，冬季茄果、瓜类蔬菜生产采用保护地营养钵育苗的效果更加明显。冬季气温低，不能满足茄果、瓜类蔬菜种子发芽出苗对温度的需要，若采用露地育苗，几乎无法成苗，这就延误了冬季茄果、瓜类蔬菜的生产。而采用保护地营养钵育苗，一则可充分利用保护地大棚的保温、提温、防寒功能，使温度白天20~25℃、夜间15℃左右，满足茄果、瓜类等蔬菜种子发芽、出苗生长对温度的需要，使种子发芽快，出苗和成苗率高，根系发育好，秧苗生长健壮，缩短育苗时间（比露地育苗缩短 20 天左右），确保了冬季蔬菜生产对秧苗的需要和供应。二则利用营养钵的优势，合理配制基质，减少了基质带有病菌（虫卵）的概率，从而减少了幼苗期猝倒病、立枯病和根腐病等土传病害与地老虎等地下害虫发生与为害。

在蔬菜生产中，南方菜区 7—8 月种植芹菜、瓜类，采用保护地营养钵育苗技术，利用覆盖遮阳网降温的大棚功能，使棚里白天温度下降 3~5℃、土温下降 3~4℃，避免台风、暴雨和强光直射对秧苗的不良影响，减少了烂根病和高温性萎蔫病为害，有利于培育壮苗，为夏季蔬菜生产提供了充足的秧苗。

（三）蔬菜大棚保护地栽培

大棚是一种采用钢管立柱为支架，顶部用塑料薄膜覆盖，人可站立在其中进行各项农事操作的设施。大棚栽培可在深秋、初冬和早春或寒冷地区播种育苗和定植，也可在秋后延长蔬菜的生长期。此外，也可在高温季节揭去顶部薄膜，覆盖遮阳网进行避雨降温栽培。大棚蔬菜生产栽培充分利用地力，提高土地的利用率和复种指数，可做到蔬菜周年生产、上市，因此得到了广泛的发展。此外，大棚覆盖蔬菜栽培可控制多种生理性病害。

1. 控制和减少茄果类蔬菜落花落果

早春温度偏低，尤其是花期，夜温在 12~15℃，花粉管不伸长或伸长缓慢，因此造成难以正常授粉而落花。夏季，白天温度偏高，如白天高于 34℃、夜间高于 22℃，或 40℃高温持续达 4 小时，则花柱伸长明显高于花药筒，致子房萎蔫或雌雄蕊正常生理受到干扰，授粉不正常而落花。而采用大棚冬季多层覆盖，使棚内温度白天在 25℃左右，夜间在 15℃以上，即能满足其花器发育的需求，大大减少落花落果。夏季大棚顶膜改换成遮阳网，可使棚里气温下降 3℃左右，同样可减少落花落果。

夏季高温季节，露地栽培番茄或塑料大棚番茄，当白天温度高于35℃或于40℃持续4小时、夜间温度高于20~22℃，就会引起番茄高温性萎蔫病，叶片受害，开始叶褪色或叶缘呈漂白状，后变黄色，病叶呈烧伤状，终致植株永久萎蔫或干枯。而夏季大棚种植番茄，将顶膜换为遮阳网，使棚里温度下降3℃，可减轻这种高温性障碍病。

2. 防止黄瓜低温性障碍病

黄瓜属喜温性蔬菜，耐寒力弱，日温需28~32℃、夜温需15℃左右。浙南地区冬春往往会出现-3~-1℃的低温天气，对黄瓜生长非常不利，即出现低温性障碍发生病害，轻者叶片发黄，植株呈开水烫过似的萎蔫状，重者植株冻死。

而大棚栽培采用多层覆盖保温措施，使棚里白天和夜间温度均能适应黄瓜生长发育的需要，可减少和控制黄瓜低温性障碍病的发生与为害。

3. 防止番茄低温性障碍病

番茄起源于热带，气温低于13℃时，不能正常坐果，夜温低于15℃会造成落花落果，气温在10℃或低于10℃易发生冻害，长时间低于6℃即发生低温性障碍病，叶片暗绿无光，叶背向上反卷，叶片萎蔫干枯，顶芽生长点受冻呈萎蔫状，低温时间长，植株将死亡。浙江各地冬春低温天气不能满足番茄生长发育需要，而采用大棚多层覆盖栽培，即使在寒冷的冬季，也能基本满足其生长发育的需要，有效地防止番茄低温性障碍病的发生。

4. 防止黄瓜沤根（病）

沤根（病）是黄瓜育苗期常见的一种低温性生理病害，根部老根腐朽，不能发新根，幼根表面呈锈褐色而后腐烂，致使地上部叶片变黄，甚至萎蔫枯死，幼苗极易拔起。这是由于低温（地温低于12℃）持续时间长、连阴雨天气、光照不足等因素而导致的。而冬春采用大棚保护地育苗、定植，使棚内地温高于12℃，即可有效地防止黄瓜沤根（病）。

5. 控制黄瓜花打顶

黄瓜花打顶的症状表现为：黄瓜的生长顶端形成花的器官，花开后，瓜条停止生长，顶部结出成串无价值的小瓜，植株矮小，停止生长，基本上无产量。据有关资料报道和生产实践证明：黄瓜花打顶主要是早春低温（地温低于10℃）引起的。克服和防止黄瓜花打顶的发生与为害的主要措施之一，是采用大棚保护地栽培技术。

6. 防止化瓜现象

黄瓜、瓠瓜、西葫芦等瓜类均为雌雄异花同株、异花授粉植物。早春栽培若遇到低温（气温低于12℃）妨碍受粉则产生化瓜现象，即雌花子房形成的瓜纽（小瓜）萎蔫脱落。早春露地栽培，黄瓜、瓠瓜、西葫芦，如遇到低温阴雨天气，化瓜现象普遍发生，形成"花而不实"现象，只见脱落的发黄小瓜，而少见成熟的大瓜，严重影响其产量。而推广、应用大棚保护地栽培，可明显地提高棚内昼夜温度和土温，促进雄花花粉的形成及授粉，有效地防止化瓜现象，从而提高瓜类产量和品质。

第二节 物理防控技术

物理防控技术是指利用简单工具和各种物理因素，如光、热、电、温度、湿度和放射能、声波等防治病虫害的一种措施。物理防控技术主要有下列3种类型。

一、诱杀法

诱杀法是利用害虫的趋性（趋光性、趋化性）或某些特殊的生活习性设计诱集器或性诱剂进行诱杀害虫。诱杀法不仅可直接消灭害虫，还可预测害虫发生的动态，这种方法在实际应用上又分为灯光诱杀、食饵诱杀、粘虫板诱杀和性激素诱杀。

(一) 灯光诱杀

灯光诱杀是根据昆虫具有趋光性的特点，利用昆虫敏感的特定光谱范围的诱虫光源，诱集昆虫并能有效杀灭昆虫，降低病虫指数，防治虫害和虫媒病害的专用装置。

灯光诱杀最常用的灯源有黑光灯、双波灯、高压汞灯、频振式杀虫灯和太阳能灯等。

黑光灯和双波灯可发出人眼不可见的短光波，但某些对象害虫对此敏感，如大多数害虫的视觉神经对波长 330~400 纳米的紫外线特别敏感，具有较强的趋光性，因此如棉铃虫、稻叶蝉、稻飞虱、金龟子、夜蛾类的害虫等。黑光灯诱杀时间一般在5—9月，在害虫盛发期每50亩棉田安装一盏黑光灯，安装高度1.5米左右，诱集器为口径较大的缸盆、铁锅，容器中盛水，加入废机油或化学农药，灯旁有玻璃挡板。经诱杀虫蛾后，棉铃虫田间卵量可减少 40%~60%。

高压汞灯在诱杀害虫中更具威力，其光波长范围为 333~580 纳米，该灯诱蛾量大，二代棉铃虫期间，单灯最高诱蛾量为1.2万头，据观察第2、第3、第4代棉铃虫灯区落卵量比非灯区分别降低 34.7%、29.1%、23.2%，每代棉铃虫平均减少一次用药，防治效果显著。

频振式杀虫灯（图2-1）波长范围 320~680 纳米，利用昆虫的趋光性，采用灯光诱虫，并利用频振高压电网作为杀虫部件。在果园使用时，可将杀虫灯架在树冠顶部，诱杀果园各种趋光性较强的虫子，以减少田间落卵量、降低虫口基数，控制虫害的发生。

图 2-1 频振式杀虫灯

太阳能杀虫灯的杀虫机制是运用光波诱杀方式杀灭害虫，即利用放电产生的低温等离子体形成（365±50）纳米波长色光，引诱害虫飞蛾扑灯，外配以脸盆，从而达到杀灭成虫、降低田间产卵量、减少害虫基数、减少农药残留的目的。

不同波长诱集的昆虫种类有差异。在实际生产中，应根据监测昆虫种类，选择一定波长的灯管。

(二) 食饵诱杀

食饵诱杀是指利用害虫的趋化性采诱或诱集害虫。例如，糖醋酒液诱杀地老虎的成虫（蛾子），用红糖3份、醋3份、白酒1份、水10份混合后按1∶1 000混配。加入敌百虫或敌敌畏乳剂，置于盆钵里，在小地老虎成虫盛发期，放于田间可诱导到大量的蛾子（图2-2）。在棉区棉铃虫成虫盛发期，将3~5枝新鲜的杨柳枝扎成把，于傍晚放于棉田里，可诱集到大量棉铃虫成虫（每2天换1次）。用敌百虫药液浸渍薯片可诱杀甘薯小象甲成虫；用炒香的米糠、玉米，加少许敌百虫，于傍晚撒于蝼蛄、蟋蟀和地老虎活动取食的场所，可诱杀大量的地下害虫。

图 2-2　诱虫糖醋酒液

(三) 粘虫板诱杀

粘虫板又称诱虫板、捕虫板等，是新型环保高效杀虫工具。根据害虫的趋黄色、趋蓝色特性原理，将粘虫板上涂上环保专用胶，当害虫撞击粘虫板时，粘虫板的黏胶将其粘住，使其不能活动和取食（图2-3）。经不久（1~2天），使害虫因饥饿死亡，从而达到治虫的目的。

当前市场上的粘虫板主要有黄色和蓝色两种。粉虱、蚜虫等害虫对黄色具有较强的趋性，蓟马具有趋蓝色的习性，可以在棚室内设置黄板粘杀粉虱和蚜虫，设置蓝板诱杀蓟马。上述这些虫害同时发生的棚室，建议黄板、蓝板搭配使用。通常采用黄板、蓝板相间的悬挂办法，这样可同时诱杀粉虱、蚜虫、蓟马、螨虫等多种害虫。

图 2-3　粘虫板

粘虫板的使用方法如下：

①板量。大棚内每亩放置 20~25 个大型板（40 厘米×25 厘米），或 30 个左右中型板（25 厘米×20 厘米），或 40 个左右小型板（15 厘米×25 厘米），均匀分布。

②用塑料绳或细铁丝一端固定在温室或大棚顶端，另一端扎在粘虫板顶留孔，现代温室也可直接粘在立柱上，粘虫板放置的高度一般应与作物在同一水平面上或稍高于作物。

③用竹竿或铁棍下端插入地里，将粘虫板固定在竹竿或铁棍上端。

④当粘虫板上的粘虫面积达 60% 以上时，粘虫效果下降，应及时清除粘板上的害虫或更换粘虫板，当粘虫板上的胶不黏时也应及时更换。

(四) 性激素诱杀

性激素诱杀是通过人工合成雌虫在性成熟后释放出一些称为

性信息素的化学成分，吸引田间同种类寻求交配的雄虫，并将其诱杀于诱捕器内的方法，具有高度的专一性，诱杀效果较好。

1. 诱捕器介绍

诱捕器是指利用不同害虫对性诱剂的趋向性，配以专用诱芯来诱杀害虫的装置，具有经济高效、安全、无公害等特点。常见的诱捕器种类包括三角形诱捕器、干式诱捕器、桶式诱捕器、漏斗式诱捕器等（图2-4）。

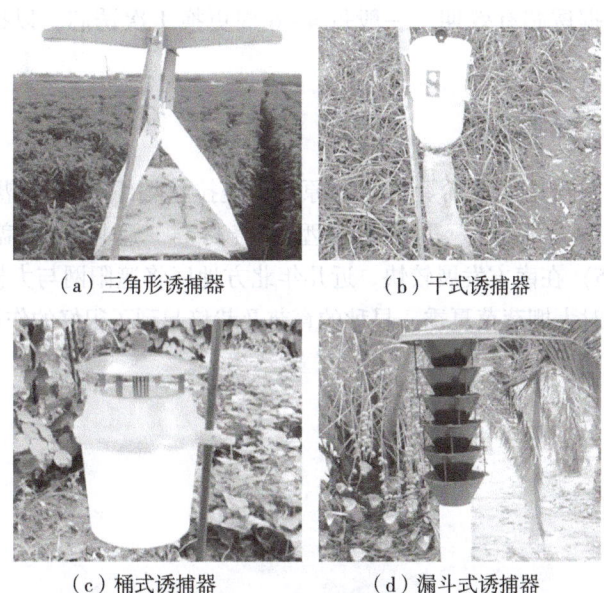

（a）三角形诱捕器　　　　　（b）干式诱捕器

（c）桶式诱捕器　　　　　　（d）漏斗式诱捕器

图2-4　不同类型的诱捕器

2. 诱捕器投放密度及地点

集中连片地可减少诱捕器使用数量，3~10亩用1只或每隔50米间距放1只；三角交叉排列，可在保证防效的前提下大大降低成本，投放地点以地块上风口处为宜。

3. 适时清理诱捕器的死虫

诱捕器下面盛虫容器最好每天一换,最多不超过 2 天。收集的死虫不要倒在田间,可作饲料。

4. 夜挂昼收

夜挂昼收可延长诱芯使用寿命,每天换瓶时可把诱捕器收起放于阴凉处。

5. 及时更换诱芯

根据诱芯有效期,一般每 4~6 周更换 1 次诱芯,以提高诱虫效果。

二、遮阳网

遮阳网是以聚烯烃为主要原料,经拉丝编织而成的塑料网,是继农膜之后又一重要的新型覆盖材料。遮阳网覆盖栽培(图 2-5)在南方发展较快。近几年北方地区将遮阳网与大棚结合起来,对大棚蔬菜夏季、早秋的育苗及栽培起到了很好的作用。

图 2-5　遮阳网覆盖栽培

(一) 遮阳网的作用及效益

遮阳网的作用主要有 5 个方面。

①遮强光、降高温，一般遮光率可达 35%~75%，伴随着显著的降温效果。

②防暴雨、抗雹灾。

③减少蒸发，保墒防旱。

④保温、防寒、防霜冻。根据试验，冬春季节夜间覆盖可比露地提高气温 1.0~2.8℃。

⑤避害虫、防病害，利用银灰色遮阳网覆盖，避蚜效果为 88.8%~100%，防病效果为 88.9%~95.5%。

此外，遮阳网还具有培育壮苗，防止菜苗徒长的作用。

(二) 遮阳网覆盖形式和应用

利用大棚架覆盖遮阳网，可以按大棚的覆盖宽度将遮阳网缝合好，直接盖在棚顶部，用压膜槽将网固定在棚顶部，网两侧离地面近 1 米有利通风，网边缘有绳子固定于骨架。塑料薄膜大棚上也可覆盖遮阳网，这种形式遮光和防雨效果较好。

1. 大棚遮阳网覆盖

栽培喜光的茄瓜豆类以用银灰色遮阳网为宜；育苗和栽培喜弱光的叶菜，如小白菜、菠菜、大白菜、甘蓝、花椰菜和萝卜等，则以黑色遮阳网为好。进行育苗时，后期要卷起网以利炼苗。

2. 小拱棚遮阳网覆盖

菜畦宽约 1.2 米，每隔 5~6 米插 1 条 2 米长的拱竹（宽 2 厘米）。拱竹与畦向垂直，入土两边要直，拱顶约 0.5 米。然后把 1.6 米幅宽的遮阳网覆盖在竹架上，网的两侧边缘用细铁线绑在骨架上，一侧要易解开以便掀开通风。

小拱棚覆盖，应以栽培叶菜和育苗为主。一般栽培小白菜可增产 15% 以上，秋菜萝卜、大白菜、芥蓝、葱和蒜可提早播种，提早上市，育苗出苗率高。苗株健壮，定植后覆盖可以促进成活，促进生长，增加产量。

3. 畦面遮阳网覆盖

为了保持土壤湿度，减轻暴雨冲刷，可在叶菜播种或苗床播种后，在畦面覆盖遮阳网，苗出齐后应立即揭去遮阳网，这可以加快出苗，使出苗率大幅度提高，并减轻猝倒病、立枯病的发生为害。

4. 其他

浮面覆盖是用遮阳网直接覆盖在作物上面；也可用竹竿、绳子搭成简易的水平棚架（高约60～70厘米）覆盖遮阳网。

总之，遮阳网的覆盖可根据季节和作物不同，就地取材、因地制宜进行。

三、防虫网

防虫网覆盖栽培（图2-6）是继遮阳网覆盖栽培后，又一新型农作物夏秋设施栽培技术。

图2-6 防虫网覆盖栽培

（一）防虫网的作用

1. 防虫

夏秋季节是小菜蛾、斜纹夜蛾、甜菜夜蛾、猿叶虫、跳甲和蚜虫等多种害虫的多发时期。防虫网网眼少，一般密度为22～30目，害虫飞（钻）不进，覆盖防虫网可在田间形成一个人工隔离屏障，有效地抑制害虫侵入和切断害虫传播途径，防虫效果良好。

2. 防病

防虫网覆盖对叶菜霜霉病和白斑病等病害的防治效果可达60%～90%。此外，对叶菜软腐病和大白菜干烧心病等病害也均有不同程度的防治效果。

3. 防暴雨冲刷

防虫网网眼小，机械强度高，因而防暴雨冲刷效果十分明显。6—7月梅雨期雨量大、降水量多，此期播种的叶菜常受雨水冲刷，减收甚至绝收。而覆盖防虫网后，暴雨降到网上，经撞击进入网后冲击力小，抗灾效果十分显著。

4. 省工节本，使用方便

蔬菜遮阳网的遮光率一般为30%～70%。由于遮光过多，不宜全程覆盖，需前盖后揭，或日盖夜揭，或晴盖阴揭，管理较费工。防虫网遮光率在10%～15%，遮光率较低，可以全程覆盖，一用到底，管理省工。应用防虫网覆盖后，叶菜全生长期可安全不打农药，节省农药喷药用工。亩茬次可节本80～100元。

5. 减药控害，增产、增效

防虫网还具有保湿、防强风、防冰雹、防冻害等功能，能增加抗灾能力。采用防虫网蔬菜栽培技术，可起到减药控害、增产、增效、维持农田生态平衡的作用。

应用防虫网种植蔬菜，可不打或少打农药，减少农药中毒，蔬菜无虫眼、清洁少泥，生长期比露地提前 4~5 天，商品性提高，受消费者欢迎。

(二) 防虫网的使用

1. 大棚覆盖

将防虫网直接覆盖在棚架上，四周用土或砖压严压实。棚顶压线要绷紧，以防强风掀开。平时进出大棚要随手关门，以防蝶、蛾飞入棚内产卵。

2. 小拱棚覆盖

将防虫网覆盖于小拱棚的拱架上，以后浇水直接浇在网上，一直到采收都不揭网，实行全封闭覆盖。

夏秋栽培蔬菜一般采用防虫网全棚覆盖。生育期较长、高秆或需搭架的蔬菜需用大中棚栽培，以便于管理、采收。夏秋栽培的速生叶菜类蔬菜，因其生育期短，采收相对集中，可用小拱棚覆盖栽培。晚秋、深冬、早春的反季节栽培，可在大棚放风口处设置防虫网，并用压膜线压紧。

第三节　生物防控技术

一、生物防控技术概述

(一) 生物防控的概念

生物防控是利用生物或其代谢产物来控制有害动植物种群或减轻其为害程度的方法。传统的生物防控主要是利用病原微生物和天敌动物，现代生物防控的含义有了较大的扩展，还包括昆虫不育、昆虫激素和寄主抗性等方面。

(二) 生物防控的特点

生物防控有很多优越性，如多具有预防作用，有的能够长期控制病虫害，对人畜安全，不污染环境，对植物及其他天敌无不良影响，不干扰其他防控措施。生物防控能保持害虫与天敌的相对平衡，减少害虫的大量发生，因此是贯彻"以防为主"方针的必要措施。但生物防控也有不足之处，如防控效果受环境条件的影响较大、控制效果出现较迟等。因此，生物防控应与其他防控方法结合进行。

二、生物防控的主要方法

（一）以虫治虫

利用捕食性或寄生性天敌昆虫防治害虫。捕食性天敌昆虫有螳螂、澳洲瓢虫、草蛉等，我国曾引进澳洲瓢虫防治吹绵蚧，效果显著。寄生性天敌昆虫寄生于害虫体内，以其体液和组织为食，致其死亡。它们大多属于膜翅目、双翅目类昆虫，如被广泛利用的各种寄生蜂和寄生蝇等，它们寄生在一些害虫的幼虫体内或蛹内，致其死亡。

（二）以菌治虫

利用微生物的寄生或产生的毒素防治害虫。自然界中很多微生物能引起昆虫发病甚至死亡，常见的微生物包括一些虫生真菌（如绿僵菌、白僵菌等）、细菌（如苏云金杆菌）、病毒（如斜纹夜蛾核型多角体病毒等）。目前，国内研究开发应用并形成商品化产品的微生物杀虫剂主要有真菌杀虫剂、细菌杀虫剂和病毒杀虫剂等种类。其中真菌杀虫剂有白僵菌、绿僵菌和拟青霉等，我国很多地方用白僵菌防治马尾松毛虫，取得了很好的防控效果；绿僵菌用于防治金龟子等地下害虫以及杨树等林木上的天牛，效果也不错。细菌杀虫剂 Bt 对鳞翅目幼虫如斜纹夜蛾、小地老虎和小菜蛾等有很好的防控效果，是目前研究最多、应用最广的细菌杀虫剂。病毒杀虫剂是一类以昆虫为寄主的病毒类群，有核型多角体病毒、颗粒体病毒等，它们可使某些植物害虫（如茶蚕、小茶蛾等）在自然环境中受到感染，对害虫能起到较好的控制作用。

（三）以菌治病

利用微生物活体或其代谢产物来防治病害。如用野杆菌放射菌株 84 防治细菌性根癌病是世界上著名的生物工程防治成功实例，还有利用某些芽孢杆菌防治炭疽病，利用枯草芽孢杆菌防治水稻纹枯病、稻曲病等。

（四）利用各种有益动物防控害虫

除了寄生性和捕食性的昆虫天敌外，用于防控农业害虫的还有其他动物，主要是捕食性节肢动物和食虫的脊椎动物。鸟类天敌有啄木鸟、灰喜鹊、山雀等，可以捕食不同虫态的害虫。节肢动物天敌除了捕食性的螳螂、瓢虫外，还有螨类和蜘蛛。此外，还有青蛙、蟾蜍等，都对控制害虫做出了极大的贡献。

（五）其他方法

生物防控还有许多其他的内容，有的方法虽然可能起不到直接灭杀害虫的作用，但是可以达到控制害虫大发生的目的，如利用害虫的体液、性激素等分泌物或排泄物。性激素可以诱集异性害虫，进而对异性害虫进行扑杀，另外干扰雄性和雌性正常交配，使害虫数量下降。在一个区域中使用保幼激素，使未成年的有害生物不能正常生长发育。一些生物药剂，通过接触害虫的表皮，可以改变昆虫表皮几丁质外骨骼的结构，从而使害虫不能正常蜕皮，最终死亡。

三、生物防控技术的应用

（一）利用瓢虫防控蚜虫

食蚜瓢虫是蚜虫的重要天敌。菜地里可见到的食蚜瓢虫的种类较多，均属于鞘翅目瓢虫科。主要种类有七星瓢虫、多异瓢虫、异色瓢虫、龟纹瓢虫和二星瓢虫等。

七星瓢虫，其幼虫和成虫均可捕食蚜虫，食量较大，1头4龄幼虫日捕食蚜虫1 000多头，七星瓢虫是菜田害虫优势天敌种群，还可通过人工饲养与繁殖，再释放到菜田，控制蚜虫等害虫的为害。

利用瓢虫防控蚜虫的步骤如下。

1. 释放时间

菜田投放瓢虫的时间，以太阳将落时为宜。如果放虫时间太早，在阳光照射下，就会导致成虫大量迁移，幼虫亦因气温高而死亡率大增。

2. 释放的虫态

如果释放成虫，则其迁移性大，效果不稳定。若释放4龄幼虫，则其虽食量大，但化蛹期临近。因此，应以释放2龄、3龄幼虫为主，并配有一定比例的成虫。这是"混合兵种"，持续时间长、效果好。

3. 释放虫量与释放时期

释放瓢虫量因蔬菜品种不同而异，如大白菜田可比黄瓜田释放少些。此外，菜上蚜虫量大时要多放一些。

从时期上看，在蚜虫发生初期数量少时的点片阶段释放瓢虫为最好。可以说以瓢治蚜的关键在于一个"早"字。在蚜虫刚刚在菜株上发生时就应及时释放一定数量的瓢虫，让其捕食，释放时瓢蚜比一般以1：(50~100)为好，每亩释放1 500~3 000头。

4. 释放瓢虫的方法

释放瓢虫时，连虫带叶顺垄撒于菜株上，每隔2~3行放虫1行，释放均匀。

5. 注意事项

释放瓢虫后 2~3 天,应暂停农事操作及喷药治虫,以免伤害瓢虫。

(二) 利用智利小植绥螨防控茄类叶螨

智利小植绥螨属蛛形纲植绥螨科,原产于智利和地中海沿岸。智利小植绥螨具有发育快、繁殖力强、捕食量大、适应能力强等特点。它现已引起人们的重视,是较有利用前途的一种捕食螨。

按 1:10 的益害比,释放足够数量的智利小植绥螨,可对茄类叶螨进行有效的控制。要在田间害螨发生始盛期释放智利小植绥螨,这时,害螨尚未造成经济损失,但在蔬菜植株上又有足够的数量,有利于智利小植绥螨的定居和繁殖,及时释放小植绥螨,就能有效地控制住害螨种群的数量。

(三) 利用白僵菌防控玉米螟等害虫

白僵菌是一种好气性真菌,在 8~13℃ 均能生长,以 24~28℃ 生长最旺盛,30℃ 最适宜孢子产生。在适温下可加速对害虫的致病进程,在低温下仍有很高的致病力。相对湿度对白僵菌的发育和孢子发芽影响很大,高温低湿有利孢子形成,而孢子萌发和菌丝生长需要较高湿度,如气温 30℃、相对湿度 25%~30% 对孢子形成最为有利,孢子萌发和菌丝生长以相对湿度 100% 最适宜,相对湿度 95% 时,孢子发芽率明显降低。白僵菌在中性或微酸性条件下生长好,pH 值 9.0 以上不生长。白僵菌主要通过昆虫皮肤接触感染,也可以通过消化道、气孔及伤口等感染途径入侵虫体,在昆虫体内形成节状菌丝和圆筒形孢子,反复增殖,破坏昆虫组织,导致昆虫死亡。

防控玉米螟,需要每亩用含活孢子 100 亿个/克的菌粉 150 克,加入碎煤渣、细沙粒等载体,拌匀即成颗粒剂,每株玉米用

2克，施于喇叭口内。

防控松毛虫可用含活孢子100亿个/克的菌粉，加水稀释100倍，进行喷雾。

防控蛴螬，可每亩用孢子含量为15亿~20亿个/克的菌粉2.5千克，拌细土沟施，治虫效果达68%~85%。

第三章 科学安全用药技术

第一节 农药的概念和分类

一、农药的概念

农药是指用于预防、控制危害农业、林业的病、虫、草、鼠和其他有害生物以及有目的地调节植物、昆虫生长的化学合成或者来源于生物、其他天然物质的一种物质或者几种物质的混合物及其制剂。

农药的应用是当前农业生产中防治病虫害的主要手段,在目前的农业生产和植物保护中的作用已经无法取代。现代农业要维持持续稳产、高产都离不开农药。

农药在促进农业生产和植物保护的同时对环境也会产生一定影响,在使用不合理或者滥用的情况下,会污染环境和农作物。随着我国现代农业的发展和对环境保护的重视,人们对农药及其使用技术提出了更高的要求,所以正确掌握农药在农业生产中的科学使用极为重要。安全科学使用农药不仅可以减少农药用量、人畜中毒,减轻环境污染,避免对有益生物的伤害,延缓有害生物抗药性的发展,还可以提高对有害生物综合治理的技术和水平,获得良好的社会、经济和生态效益,使农药在农业生产中发挥更积极的作用。

二、农药的分类

根据有害生物种类不同，农药可相应地分为杀虫剂、杀菌剂、除草剂、杀螨剂、杀线虫剂、杀鼠剂、杀软体动物剂、植物生长调节剂等。

(一) 杀虫剂

根据作用方式可将杀虫剂分为如下7种。

1. 胃毒剂

胃毒剂通过害虫口器进入虫体，经过消化系统吸收，经循环系统输送到作用部位而使虫体中毒死亡。胃毒剂只对咀嚼式口器的害虫起作用，随同作物一起被害虫嚼食进入消化道。施药时，要求作物叶片上具有较高的沉积量和均匀度，药粒粗、坚硬或者与植物体黏附不牢的农药颗粒不容易被害虫咬碎进入消化道。

2. 触杀剂

触杀剂通过接触害虫体壁进入昆虫体内，经血液循环到达作用部位而使害虫中毒死亡。害虫体壁接触药剂的途径有两种：喷粉、喷雾、放烟过程中，药剂直接沉积到害虫体表；害虫爬行时，与沉积在靶标表面上的粉粒、雾滴或烟粒摩擦接触。触杀剂要求药剂在靶体表面有均匀的沉积分布，因而可采用细雾喷洒法，药液要有良好的润湿和黏附性能。

3. 内吸剂

内吸剂被植物吸收后能在植物体内发生传导，从一个部位输导到另一个部位，主要用于防治刺吸式口器害虫。药剂被植物叶部、茎秆、根部吸收后，通过害虫刺吸寄主汁液进入虫体。内吸剂施药方式多样化，可进行涂茎、茎秆包扎、土壤处理、根区施药、灌根以及叶部施药等。

4. 熏蒸剂

以气体状态通过昆虫呼吸器官气门进入体内而引起昆虫中毒

死亡的杀虫剂。如磷化铝、敌敌畏等，均可作熏蒸剂。施药时必须在密闭空间内使用，防止药剂逸失。同时要求有较高的环境温度和湿度，较高温度利于药剂在密闭空间扩散；对于土壤熏蒸，较高的温湿度利于增加有害生物的敏感性。

5. 拒食剂

拒食剂可影响昆虫的味觉器官，使其厌食、拒食，最后因饥饿、失水而逐渐死亡或因摄取营养不足而不能正常发育。一些植物源杀虫剂，如苦皮藤、鱼藤酮等，对昆虫有很好的拒食作用。

6. 驱避剂

驱避剂施用后可依靠其物理、化学作用（如颜色、气味）使害虫忌避或发生转移、潜逃，从而达到保护寄主植物或特殊场所的目的。拟除虫菊酯类杀虫剂一般都有驱避作用。

7. 引诱剂

引诱剂使用后可依靠其物理、化学作用将害虫诱聚而利于歼灭。昆虫的信息素，特别是性信息素能够引诱异性成虫个体。

（二）杀菌剂

杀菌剂有杀真菌剂、杀细菌剂，生产上常见的杀菌剂主要是杀真菌剂。根据杀菌剂的作用方式，可分为以下3种。

1. 保护性杀菌剂

在病害流行前（即当病原菌接触寄主或侵入寄主之前），可将保护性杀菌剂施于植物体可能受害的部位。由于植物表面上已经沉积了一层药剂，病原菌就被控制而不能萌发、侵入，从而达到保护作物免受病原菌为害的目的。铜制剂、无机硫制剂、有机硫制剂（代森类、福美类）等是很好的保护性杀菌剂。施药途径：一在病害侵染源施药，如处理带菌种子；二在病原菌未侵入之前在被保护的植物表面施药，阻止病原菌侵染。施药方法：露地施用可采用大容量喷雾法；保护地施用可采用大容量喷雾法、低容量喷雾法、粉尘法、烟雾法等。施药注意事项：药剂沉积分布均匀；对于防治多循环病害，需要多次施药；防止药剂因被雨水冲刷、氧化、光解失效。

2. 治疗性杀菌剂

治疗性杀菌剂在植物感病（病原菌已经进入植物体内）以后使用，可以阻止病原的进一步活动。治疗性杀菌剂的使用要基于病菌侵染后的时间，通常以小时计，即所谓的"踢回期"。超过这个时期，治疗性杀菌剂就没有效了，所以治疗性杀菌剂的使用一定要把握住防治时期（防治适期），才能达到理想的防效。治疗性杀菌剂可采用种子处理、土壤处理和叶面喷雾、喷粉等技术施药。施药时要求喷雾、喷粉过程中雾粒或粉粒沉积分布均匀和较高的沉积密度。

3. 铲除性杀菌剂

铲除性杀菌剂对病原菌有直接强烈杀伤作用，可以消灭已经存在的植物病原。历史上曾经用的汞制剂（现已淘汰）是很好的铲除剂。植物在生长期常常不能忍受铲除性杀菌剂，因此一般在作物休闲期用铲除性杀菌剂进行土壤熏蒸处理，如氯化苦、威百亩等。三唑类、甲氧基丙烯酸酯类杀菌剂具有一定的铲除作用，在病害初显症时施用，可以控制病害的进一步扩展。

（三）除草剂

根据作用方式和对杂草的选择性，除草剂可分为以下 4 种。

1. 输导型除草剂

输导型除草剂施用后，通过杂草根茎吸收向上输导至株冠部或通过茎叶吸收向下输导到根部，杀死整株杂草。酰胺类、三氮苯类、苯氧羧酸类等大多数除草剂都是输导型除草剂。可通过茎叶喷雾、土壤封闭处理等方法施药。施药要求：药液对叶片表面润湿性良好；防止雾滴飘移引起非靶标药害；喷雾均匀，避免重喷、漏喷。

2. 触杀型除草剂

触杀型除草剂施用后，只能杀死所接触到的植物组织，不能输导到其他部位，不能杀死整株植物，如联吡啶类、醚类、二硝基苯胺类等除草剂。触杀型除草剂只能防除由种子萌发的杂草，对多年生杂草的地下根、地下茎无效。可采用喷雾法、涂抹法进行施药，施药时要求均匀周到，所有杂草个体都能接触到药剂。

3. 选择性除草剂

有些除草剂在一定浓度和剂量范围内能杀死或抑制部分植物，而对另外一部分植物安全，如芳氧苯氧基丙酸酯类除草剂喹禾灵、吡氟禾草灵等品种用于大豆田防除单子叶杂草，而对大豆很安全。

4. 灭生性除草剂

灭生性除草剂在常用剂量下可以杀死所有接触到药剂的绿色植物，如草甘膦等。

三、最新禁限用农药

近些年，为保障农产品质量安全、人畜安全和生态环境安全，有效预防、控制和降低农药使用风险，我国对于农药方面的监管越来越严，截至2022年3月底，我国已禁限用70种农药。

（一）禁止（停止）使用的农药（50种）

六六六、滴滴涕、毒杀芬、二溴氯丙烷、杀虫脒、二溴乙烷、除草醚、艾氏剂、狄氏剂、汞制剂、砷类、铅类、敌枯双、氟乙酰胺、甘氟、毒鼠强、氟乙酸钠、毒鼠硅、甲胺磷、对硫磷、甲基对硫磷、久效磷、磷胺、苯线磷、地虫硫磷、甲基硫环磷、磷化钙、磷化镁、磷化锌、硫线磷、蝇毒磷、治螟磷、特丁硫磷、氯磺隆、胺苯磺隆、甲磺隆、福美胂、福美甲胂、三氯杀螨醇、林丹、硫丹、溴甲烷、氟虫胺、杀扑磷、百草枯、2,4-滴丁酯、甲拌磷、甲基异柳磷、水胺硫磷、灭线磷。

（二）在部分范围禁止使用的农药（20 种）

①甲拌磷、甲基异柳磷、克百威、水胺硫磷、氧乐果、灭多威、涕灭威、灭线磷。禁止在蔬菜、瓜果、茶叶、菌类、中草药材上使用，禁止用于防治卫生害虫，禁止用于水生植物的病虫害防治。

②甲拌磷、甲基异柳磷、克百威。禁止在甘蔗作物上使用。

③内吸磷、硫环磷、氯唑磷。禁止在蔬菜、瓜果、茶叶、中草药材上使用。

④乙酰甲胺磷、丁硫克百威、乐果。禁止在蔬菜、瓜果、茶叶、菌类和中草药材上使用。

⑤毒死蜱、三唑磷。禁止在蔬菜上使用。

⑥丁酰肼（比久）。禁止在花生上使用。

⑦氰戊菊酯。禁止在茶叶上使用。

⑧氟虫腈。禁止在所有农作物上使用（玉米等部分旱田种子包衣除外）。

⑨氟苯虫酰胺。禁止在水稻上使用。

2,4-滴丁酯自 2023 年 1 月 23 日起禁止使用；溴甲烷可用于"检疫熏蒸梳理"；杀扑磷已无制剂登记；甲拌磷、甲基异柳磷、水胺硫磷、灭线磷，自 2024 年 9 月 1 日起禁止销售和使用。

第二节　农药的稀释和混合

一、农药的稀释

农药的正确稀释是保证药效的一个重要方面，许多农民在配制农药药液时忽视了这一环节，不仅降低了药效，还造成了人力、农药的巨大浪费。不同剂型的农药，其稀释方法是不同的。

（一）液体农药的稀释方法

根据药液稀释量的多少及药剂活性的大小而定。防治用液量少的可直接进行稀释，即在准备好的配药容器内盛放好所需用的清水，然后将定量药剂慢慢倒入水中，用小木棍轻轻搅拌均匀，便可供喷雾使用。如在大面积防治中需配制较多的药液量，需采用两步配制法，其具体做法是先用少量的水将农药稀释成母液，再将配制好的母液按稀释比例倒入准备好的清水中，不断搅拌直至均匀。

（二）可湿性粉剂的稀释方法

通常也采取两步配制法，即先用少量水配成较浓稠的母液，进行充分搅拌，然后再倒入药水桶中进行最后稀释。这种方法可保证药剂在水中分散均匀。因为可湿性粉剂如果质量不好，粉粒往往团聚在一起成较大的团粒，如直接倒入药水桶中配制，则粗粒团尚未充分分散便立即沉入水底，这时再行搅拌混匀就比较困难。两步配制法需要注意的问题是，所用的水量要等于所需用水的总水量，否则，将会影响配制的药液浓度。

（三）粉剂农药的稀释方法

一般粉剂农药在使用时不需稀释，但当作物植株高大、生长茂密时，为使有限的药粉均匀喷洒在作物表面，可加入一定量的填充料进行稀释。

具体方法如下：取一部分填充料，将所需的粉剂混入搅拌均匀；再取一部分填充料加入搅拌，这样反复添加，不断搅匀，直至所需用的填充料全部加完。

粉剂在稀释时操作者必须做好安全防护措施，穿戴好长裤、口罩、橡胶手套等，同时，操作现场必须冲洗，以免污染环境。

（四）颗粒剂的稀释方法

颗粒剂有效成分较低，大多在 5% 以下，因此，颗粒剂可借助于填充料稀释后再使用。可采用干燥均匀的小土粒或化学肥料作填充料，使用时只要将颗粒剂与填充料充分拌匀即可。但在选用化学肥料作为填充料时应注意农药和化肥的酸碱性，避免混后农药分解失效。

二、农药的混合

（一）液态制剂的混合调制

一般来说，只要掌握好药剂的性质，参照有关资料即可进行混合配制。但是，由于我国还有不少农药的剂型尚未标准化或产品质量不合格，在实际进行混配之前应仔细了解药剂的性质，甚至还须进行必要的试验。例如，我国生产的一种菊马合剂乳油不能与百菌清可湿性粉剂混配，否则就会出现絮结现象。虽然两种有效成分并没有发生什么变化，但制剂絮结后会影响喷雾和防治效果。

另外，有一些比较特殊的情况，在混合调制时应注意操作程序。

1. 碱性药剂与在碱性条件下易分解的药剂混合

这两种药剂有一些是允许临时混合、随配随用的。例如，石硫合剂是最常用的一种碱性药剂，它与敌百虫可以随配随用。在调制时，要注意以下 3 点。

①两种农药必须分别先配制等量药液，先把浓度各提高 1 倍，这样当两液相混时，在混合液中的浓度刚好达到最初的要求。

②混合时应把碱性药液（石硫合剂）向敌百虫水溶液中倒，同时进行迅速搅拌。这样，混合液的氢离子浓度降低（即 pH 值

增加）比较缓慢。

③敌百虫的结晶容易结块，比较难溶，往往需要用热水或加温来促使其溶解。这样得到的溶液是热溶液，必须使它充分冷却之后再与石硫合剂溶液混合，因为敌百虫的碱性分解在受热的情况下速度显著加快。较常用的碱性药剂还有波尔多液以及松脂合剂等，松脂合剂的碱性更强。

2. 浓悬浮剂的使用

几乎没有一种浓悬浮剂不存在沉淀现象，即在存放过程中上层逐渐变稀而下层变浓稠。一些液悬浮剂还会发生下层结块的现象，一般的振摇或用棍棒搅拌都很难使之散开。因此，使用此种制剂配制药液时，必须采取两步配制法。

首先必须保证浓悬浮剂形成均匀悬浮液。如果整瓶药要一次用完，可以用水帮助冲洗；但如一次用不完整瓶药，则必须用棒或其他机械办法把沉淀物彻底搅开，并彻底搅匀后再取用，否则先取出的药含量低而剩余的药含量增高，使用时就会发生差错，这一点在使用浓悬浮剂时必须十分注意。用水冲洗浓悬浮剂沉淀物时，必须把冲洗用水计算在总用水量中。

3. 可溶性粉剂的使用

可溶性粉剂都能溶于水，但是溶解的速度有快有慢。所以不能把可溶性粉剂一次投入大量水中，也不能直接投入已配制好的另一种农药的药液中，必须采取两步配制法。即先用少量水配制可溶性粉剂溶液，再稀释到所需浓度；或先配成可溶性粉剂的溶液，再与另一种农药的喷雾液相混合。在配制过程中必须注意记录水的取用量。

（二）粉剂的混合调制

如果没有专门的器具，粉剂比液态制剂更难以混合均匀。如需进行较大量的粉剂混合，最好利用专用的混合机械，这种器械必须能加以密闭，使粉尘不易飞扬，比较安全，混合的效果也好。在露地上用木锨或铁锨拌和，很难做到混合均匀，而且粉尘飞扬，危险性很大。

进行小量粉剂的混合时，可以采取下述方法。

1. 塑料袋内混合

先用密封性能良好的比较厚实的塑料袋，把所需混合的粉剂分别称量好以后放到塑料袋内，把袋口扎紧封死。注意一定要在袋内留出约 1/3 的空间。把塑料袋放在平整的地面或桌面上，从不同方向加以揉动，最后把塑料袋捧在手中上下、左右抖动，使粉尘在袋内翻腾起来。如此处理，可以使粉剂得到充分混合。

2. 分层交叉混合

对于体积较大、不便在塑料袋内一次混合的粉剂，可采取本法。选择平整的地面，铺上足够大的塑料布（须在避风处进行操作）。把准备混合的两种粉剂称量好。用木锨或边缘钝滑的金属锨把粉剂铺到塑料布上，按如下步骤操作。

①两种粉剂分层铺到塑料布上。一层甲种粉剂一层乙种粉剂，层次越薄越好。

②用锨把药粉翻拌均匀，然后把粉堆划分为 4 块。

③把对角交叉的两块粉堆分别互相混合，混成一体后，再分为交叉的 4 块，如上法重复处理一遍。如此处理，次数越多则混合越均匀。

④最后形成的混合粉体，可分成若干份用塑料袋混合法加以振动混合，则可使粉粒充分分散、混合均匀。

采用分层交叉混合方法时，因为粉体是暴露在空气中的，不可能没有粉尘飞扬，所以必须佩戴风镜、口罩等防护用品。

第三节　选择合适的喷雾法

用喷雾机具将液态农药呈雾状分散体系喷洒的施药方法称为喷雾法。喷雾法可根据喷雾机具、作业方式、施药液量、雾化程度、雾滴运动特性等参数进行分类。

一、根据喷雾机具及所用动力分类

对于大多数农药使用者来讲，更习惯根据喷雾机具及所用的动力来把农药喷雾技术进行分类。根据喷雾机及所用的动力可以把喷雾技术分为手动喷雾法、背负机动风送喷雾法、大田喷杆喷雾法、手持电动圆盘喷雾法、飞机喷雾法和果园喷雾法等。

二、根据施药液量分类

喷雾过程中施药液量的多少大体是与雾化程度相一致的。采用粗雾喷洒，就需要大容量喷雾法；而采用细雾喷洒，就需要采用低容量或超低容量喷雾法。

（一）大容量喷雾法

每公顷施药液量在 600 升以上（大田作物）或 1 000 升以上（树木或灌木林）的喷雾方法称大容量喷雾法，也称常规喷雾法或传统喷雾法。大容量喷雾法的雾滴粗大，所以也称粗喷雾法。大容量喷雾法是采取液力式雾化原理，使用液力式雾化部件（喷头）进行喷雾的，适应范围广，在喷洒杀虫剂、杀菌剂、除草剂等作业时均可采用，是我国应用最普遍的方法。但采用大容量喷雾法田间作业时，粗大的农药雾滴在作物靶标叶片上极易发生液滴聚集和流失，致使农药利用率水平较低。

(二) 中容量喷雾法

每公顷施药液量在 200~600 升（大田作物）或 500~1 000 升（树木或灌木林）的喷雾方法。中容量喷雾法与大容量喷雾法之间的区分并不严格。中容量喷雾法是采取液力式雾化原理，使用液力式雾化部件（喷头）进行喷雾的，适应范围广，在喷洒杀虫剂、杀菌剂、除草剂等作业时均可采用。中容量喷雾法田间作业时，农药雾滴在作物靶标叶片上也会发生重复沉积，引起药液流失，但流失现象比大容量喷雾法轻。

(三) 低容量喷雾法

每公顷施药液量在 50~200 升（大田作物）或 200~500 升（树木或灌木林）的喷雾方法。低容量喷雾法雾滴细、施药液量小、工效高、药液流失少、农药有效利用率高。

对于机械施药而言，可以通过控制药液流量调节阀、机械行走速度和喷头组合等实施低容量喷雾作业。对于手动喷雾器，可以通过更换小孔径喷片等措施来实施低容量喷雾。另外，采用双流体雾化技术，也可以实施低容量喷雾作业。

(四) 很低容量喷雾法

每公顷施药液量在 5~50 升（大田作物）或 50~200 升（树木或灌木林）的喷雾方法。很低容量喷雾法和低容量喷雾法之间并不存在绝对的界线。很低容量喷雾法工效高、药液流失少、农药有效利用率高，但容易发生雾滴飘移。其雾化原理可以是液力式雾化，通过更换喷洒部件实施；也可以是低速离心雾化；采用双流体雾化技术，也可以实施很低容量喷雾作业。

(五) 超低容量喷雾法

每公顷施药液量在 5 升以下（大田作物）或 50 升（树木或灌木林）以下的喷雾方法，雾滴直径小于 100 微米，属细雾喷洒法。其雾化原理是采取离心雾化法或称转碟雾化法，雾滴直径取决于圆盘（或圆杯等）的转速和药液流量，转速越快雾滴越细。超低容量喷雾法的施药液量极少，必须采取飘移喷雾法。由于超低容量喷雾法雾滴细小，容易受气流的影响，因此施药地块的布局以及喷雾作业的行走路线、喷头高度和喷幅的重叠都必须严格设计。同时，由于超低容量喷雾法雾滴细小，在达到作物靶标前易蒸发飘失，应选用油剂农药。

三、根据喷雾方式分类

在喷雾作业时，人们利用各种各样的技术手段，或者使雾滴直接沉积到靶标表面，或者利用雾滴的飘移作用增加喷幅，或者把流失的雾滴回收重新利用。

（一）飘移喷雾法

利用风力把雾滴分散、飘移、穿透、沉积在靶标上的喷雾方法称为飘移喷雾法。飘移喷雾法的雾滴按大小顺序沉降，距离喷头近处飘落的雾滴多而大，远处飘落的雾滴少而小。雾滴愈小，飘移愈远。据测定，直径约10微米的雾滴，飘移可达千米之远。而喷药时的工作幅宽不可能这么宽，每个工作幅宽内降落的雾滴是多个单程喷洒雾滴沉积累积的结果，所以飘移喷雾法又称飘移累积喷雾法。飘移喷雾法可以有比较宽的工作幅宽，比常规针对性喷雾法有较高的工作效率并减少能量消耗。在防治突发性、爆发性害虫中能够起到重要作用。其缺点是喷施的小雾滴容易被自然风吹离目标区域以外而飘失。超低量喷雾机在田间作业时须采用飘移性喷雾法。

（二）定向喷雾法

定向喷雾法是与飘移喷雾法相对的喷雾方法，喷出的雾流具有明确的方向性。取得定向喷雾可以采取如下措施。

①调整喷头的角度，使喷出的雾流针对农作物（靶标）而

运动,手动或机动喷雾机利用这一方法进行定向喷雾。

②强制性的定向沉积,利用适当的遮挡材料把作物或杂草覆盖起来而在覆盖物下面喷雾,使雾滴直接沉积到下面的杂草或作物上。

(三) 针对性喷雾法

针对性喷雾是定向喷雾的一种,即通过配置喷头和调整喷雾角度,使雾滴沉积分布到作物的特定部位。

(四) 置换喷雾法

对植株冠层大而浓密的果园喷雾,雾滴很难直接沉积到冠层内部的叶片上,置换喷雾法是利用风机产生的强大气流裹挟雾滴进入冠层内,置换株冠层内原有空气而沉积在株冠层内的喷雾方法。此法可使农药沉积分布均匀,农药有效利用率高,可以实现低容量喷雾,省工省时,但必须通过风送式果园喷雾机实现。

(五) 静电喷雾法

通过高压静电发生装置使雾滴带电喷施的喷雾方法。静电喷雾法的工作步骤可分为药液液丝充电、带电后雾滴碎裂和带电雾滴在靶标表面沉积 3 部分。带电雾滴与不带电雾滴在作物表面上的沉积有显著差异。由于静电作用,带电雾滴在一定距离内对生物靶标产生撞击沉积效应,并可在静电引力的作用下沉积到叶片背面,将农药有效利用率提高到 90% 以上。此法节省农药,并消除了雾滴飘移,减少对环境的污染,其缺点是带电雾滴对高郁闭度作物株冠层的穿透力较差。

静电喷雾作业受天气的影响相对较小,适用于有导电性的各种农药制剂。但是静电喷雾器需要有产生直流高压电的发生装置,因而机器的结构比较复杂,成本也比较高。

(六) 循环喷雾法

利用药液回收装置,将喷雾时没有沉积在靶标上的药液进行回收并循环利用的喷雾技术。此法可以提高农药利用率，减轻环境污染。其工作原理是在喷洒部件的对面加装单个或多个雾滴回收（或回吸）装置，回收的药液聚集在单个或多个集液槽内，经过滤后再输送返回药液箱。

循环喷雾在果园风送液力喷雾上发展比较成熟，已经有多种样机在生产上使用。循环喷雾法需要的喷雾机具复杂，防治成本高。

（七）精准喷雾

利用现代信息识别技术确定有害生物靶标的位置，通过控制技术把农药准确地喷洒到有害生物靶标上的喷雾技术。精准喷雾技术可通过以下两种方法实现：一是全球定位系统（GPS）和地理信息系统（GIS）的应用，施药者能准确确定喷杆喷雾机在田间的位置，保证喷幅间衔接，避免重喷、漏喷；二是基于计算机图像识别系统采集和分析计算有害生物特征，根据有害生物靶标的有无控制喷头的开关，做到定点喷雾。

第四节　科学安全用药注意事项

一、农药的使用条件

（一）了解农药的特性

了解农药特性是科学合理使用农药的前提条件，农药种类繁多，防治对象也各异，必须对农药的理化性质、毒性和生物活性特点有一个全面了解，才能做到科学使用。全面掌握农药各剂型特点，根据需要选择合适的剂型，是科学使用农药的重要组成部分。

（二）掌握防治对象的生物学特性及为害规律

全面掌握防治对象的生物学特性及为害规律，有利于选择适当的农药、制剂形态、使用方法和最佳施药时期。农药的使用一般有两个方面的作用，一方面促进作物自身生长能力和抗病虫害能力，另一方面则是直接作用于病虫害。所以在选择使用农药的时候，要对防治对象的特性有全面的了解，掌握其生物学特性及变化规律，这样才能做到有的放矢。

（三）掌握农药使用的有关环境条件

农药的使用对自然条件有严格要求，环境条件的差异会导致药效差别很大，其中，主要的环境因子有气温、降水、湿度和土壤类型等。环境条件不但可明显影响生物体的生理活动，还可影响药剂的理化性质，因此把握农药使用的相关环境条件至关重要。

（四）有针对性地选择农药

不同有害生物的机体构造、生理机能、生活习性各异，对药剂的敏感性或抵抗力差异也很大，同一种药剂对不同防治对象的药效不同，同一种防治对象对不同的药剂也表现出不同的抵抗力。此外，同一种有害生物的不同发育阶段，其形态结构、生理机能、生活习性也不全一样，对药剂抵抗力也有显著差别。因此，要根据不同的防治对象和作物，选择适宜的农药。在选择农药时，一定要弄清防治对象的生理机能和为害特点，以及农作物品种和生育期，做到"对症下药"。

二、采用适当的施药方法

采用适当的施药方法，对降低农药用量、减少用药次数、节约成本、防止污染和保护农业生态有重要意义。

（一）根据农药剂型确定施药方法

不同农药剂型各有其特定的使用器械和方法，应根据农药剂型确定施药方法，如乳油和水剂适用于喷雾，油剂适用于超低容量喷雾，粉剂和颗粒剂宜于拌种或撒施等。

（二）根据防治对象特点选择施药方法

防治温室等密闭场所害虫，可采用熏蒸法；防治土传病害，可采用土壤处理法；防治种传病害，应采用浸种法或拌种法等。

（三）根据施药部位选择施药方法

防治对象所处的部位不同，施药方法也各异。如防治叶背面的蚜虫、叶螨等，应使用喷雾法；防治地下害虫，可采取土壤处理法等。

（四）根据施药环境选择施药方法

环境因素对农药的防治效果影响很大，施药方法要根据具体环境条件确定。如雨季期间，可在下雨间隙时使用喷粉法；为降低温室内的空气相对湿度，不宜过多使用喷雾法，可采用粉尘法。

（五）根据有益生物特点选择施药方法

为减少对有益生物的影响，应不用或少用对有益生物杀伤力大的喷雾法和喷粉法，而采取毒饵、毒土、拌种、蘸根、涂茎及撒施颗粒剂等方式，在有效防治病虫害的同时对有益生物影响较小。

三、确定正确的施药时间

（一）根据防治对象特点确定施药时间

根据防治对象的生物学特性及其发生规律，在其最容易被杀伤的时期施药。如保护性杀菌剂一定要在发病前或发病初期使用；一般在害虫卵孵化盛期或幼虫初龄阶段用杀虫剂，防治效果好；防治日出性害虫应安排在 8:00—9:00，此时露水已干，温度也不高，正是日出性害虫取食、活动最旺盛的时候，此时用药不会因为有露水而冲淡药液或因温度过高而使农药分解；防治夜出性害虫应安排在 17:00—18:00，因为此时可以避开强光、高温时段，在害虫即将开始活动时用药有利于杀死害虫。

（二）根据防治指标确定施药时间

当自然控制因素和其他防治措施无法控制防治对象时，要调查防治对象的发生数量，确定是否需要进行药剂防治，调查防治对象的发育期，确定防治适期。

（三）根据气候条件确定施药时间

根据气候条件选择适当时间用药，提高防治效果。如雨天、大风天和中午高温不能喷药；早晨露水未干时不能喷雾，喷粉效果好；撒毒饵防治地下害虫在傍晚为好。只有在适宜的气候条件下施药，才能取得最佳的防治效果。

（四）根据农药的安全间隔期确定施药时间

施药时要遵守农药的安全间隔期，在采收前不可随意喷施农药，要保证产品中农药残留量低于最大允许残留量。

四、交替、轮换使用农药

农药使用过度会带来"3R"问题：抗性、残留、再猖獗。长期连续使用同一种农药、随意增加用药次数和使用浓度是导致病虫害产生抗药性的主要原因。科学合理地交替、轮换使用不同作用机理的农药，可以提高防治效果，扩大防治对象，延缓有害生物的抗性，降低防治成本，充分发挥现有农药的作用。

可以根据当地病虫害的发生特点及农药的供应情况，选用作用机制各不相同的几大类药剂进行轮换、交替使用。同一类制剂中的杀虫剂品种也可以互相换用，但需要选取那些化学作用差异比较大的品种在短期内换用，如果长期采用也会引起害虫产生交互抗性。已产生交互抗性的品种不宜换用。在杀菌剂中，一般治疗性杀菌剂比较容易引起抗药性，保护性杀菌剂不容易引起抗药性。因此，除了不同化学结构和作用机制的治疗性药剂间轮换使用外，治疗剂和保护剂之间是较好的轮换组合。还要注意新老农药品种交替使用及毒性偏高和低毒农药品种的灵活运用。

五、科学混用农药

混用农药是将两种或两种以上含有不同有效成分的农药制剂在田间使用时混配现用。农药混合制剂是指农药厂将两种或两种以上农药有效成分混配加工的农药制剂。科学合理混配农药，可在一次施药中，兼治两种或多种同时发生的有害生物，扩大防治范围；混用药剂间取长补短，可提高防效或延长残效期；可防止和克服有害生物产生抗药性，延长农药品种的使用年限，能降低农药用量、降低防治成本、减少环境污染及对天敌的为害。

混配农药虽然可以产生很大的经济效益，但切不可任意组合，混用的品种不宜太多，一般以3种为限。应坚持先试验后混用、混合后农药间不发生不良的化学和物理变化（絮结或大量沉淀等）、不增加对作物的药害、提高药效、降低成本、减少对人畜毒性的原则，否则不仅起不到增效作用，还可能产生增加毒性、增强病虫抗药性等不良作用。

第四章 植保无人机施药技术

第一节 植保无人机施药概述

一、植保无人机施药的技术特点

（一）超低量喷雾

植保无人机施药具有超低量喷雾的特点，每亩喷液量一般在 0.5~1.0 升，药液浓度高，而且一般用两种以上不同农药制剂同时配制。

（二）穿透性较强

无人机旋翼旋转时产生风场，药液对植被穿透性好。

（三）作业高度高

作业高度高，一般为 1.5~8.0 米。

（四）受外界环境影响

植物无人机施药容易造成雾滴的飘失和蒸发，气象因素（温度、湿度、风速、风向等）对其影响较大。

另外，飞机类型、喷嘴类型、药液性质、操作方式（喷液压力、飞行速度、飞手熟练程度、重喷、漏喷等）等都会对最后的防效及周围环境产生影响。

二、植保无人机施药和常规喷雾的区别

植保无人机施药和常规喷雾在喷液量及作业高度等方面有很

大的区别（表4-1）。

表4-1 植保无人机施药与常规喷雾的区别
（以氯虫苯甲酰胺 200 克/升悬浮剂为例）

喷雾方式	亩喷洒药液量/升	稀释倍数	作业高度/米	飘移距离
常规喷雾	30~50	1 500~5 000	≤0.3	与喷头类型、作业高度、风速、温度、药剂性质等有关
植保无人机施药	0.5~1.0	15~100	1.5~8.0	

三、植保无人机施药的优势

以前农作物病虫害的防治都是采用传统人工喷药技术来进行的，但是这种传统喷药技术不仅不安全，而且效率非常低下，早已不能满足行业发展的需求，而植保无人机的出现大大解决了这一难题。植保无人机施药的优势体现在以下3点。

（一）植保无人机施药比传统施药技术更安全

植保无人机可用于低空农情监测、植保、作物制种辅助授粉等。植保中使用最多的是喷洒农药，携带摄像头的无人机可以多次飞行进行农田巡查，帮助农户更准确地了解粮食生长情况，从而更有针对性地施用农药，防治害虫或是清除杂草。其效率比人工打药快百倍，还能避免人工打药的中毒危险。

（二）植保无人机施药比传统施药技术作业效率更高

植保无人机旋翼产生向下的气流，扰动了作物叶片，使药液更容易渗入，可以减少20%以上的农药用量，在大大提高作业效率的同时，也更加有效地实现了施药效果。

（三）植保无人机施药比传统施药技术更节省成本

无人机施药服务一亩地的价格在10元左右，用时仅仅1分钟左右。一个植保作业组包括 6 个人、1 辆轻卡和 1 辆面包车、4 架多旋翼无人机，在 5~7 天时间内可施药作业 1 万亩，比传统施药技术节约了成本，节省了人力和时间。

第二节　植保无人机施药的专用药剂

一、植保无人机施药对专用药剂的要求

针对植保无人机施药的技术特点，植保无人机施药对专用药剂有以下要求。

（一）安全高效

由于植保无人机施药的药液浓度大，不仅要求高浓度药剂对作物安全和高效，而且还需要考虑其毒性（急性毒性、亚急性毒性、慢性毒性）及环境安全性（对蜂、鸟、鱼、蚕、水生生物、家畜、天敌昆虫、蚯蚓、土壤微生物，暴露人群如生产工人、施药人员、附近居民，以及大气、水源、非靶植物的安全性），充分评估其施药安全性和风险，做好风险防范紧急预案。

（二）剂型合理

植保无人机施药液浓度高，需要选择能够高浓度稀释而不容易堵塞喷头的制剂，并且在一定时间内不发生分层、析出和沉淀。对于含有有机溶剂的制剂，则要求其低毒、密度较大。另外，对于两种以上不同制剂混合，要求其相容性要好，事先做好配伍性试验并在使用时进行两次稀释。如果使用过程中加入专用的植保无人机施药助剂，也有助于解决药剂稀释问题。

（三）抗挥发和抗飘失

植保无人机施药有一定高度，在风的作用下，80~400 微米的雾滴容易飘失，不仅会造成防效低，而且会造成药害和污染，

所以要求专用药剂具有抗挥发和飘失的性能。如果药剂抗飘失性能差，可以加入专用的植保无人机施药助剂或设置不施药缓冲区。

（四）沉积性能好

植保无人机施药雾滴在植物表面是点状分布的，因此要求雾滴在植物表面沉积性能好，从而提高农药利用率。

二、植保无人机施药专用药剂及剂型

最早开发的适应于植保无人机施药的农药专用剂型是超低容量液剂，它是一种直接喷施到靶标而无需稀释的特制油剂，具有低黏度和高稳定性，适合于植保无人机施药成60~100微米的细小雾滴，均匀分布于作物茎叶表面，有效发挥防治病虫草害作用。超低容量液剂制备关键在于溶剂的选择，在选择溶剂时需要考虑其溶解性、挥发性、药害、黏度、闪点、表面张力和密度等。一般选择使用闪点大于40℃、沸点在200℃以上的溶剂油，近年多用植物油或改性植物油。

由于市场上用于植保无人机施药的制剂较少，所以实际中大部分还是应用常规制剂，主要是粒径相对较小的制剂，比如悬浮剂、乳油、水乳剂和微乳剂等。若使用水分散粒剂和可湿性粉剂，则在制备过程中应尽可能地减少制剂粒径和使用能溶于水的填料。

国内目前在植保无人机施药应用过的农药产品涵盖杀虫杀螨剂、杀菌剂、除草剂以及植物生长调节剂等各类产品，如氯虫苯甲酰胺、溴氰虫酰胺、虫螨腈、氟啶虫胺腈、螺虫乙酯、螺螨酯、烯啶虫胺、吡虫啉、吡蚜酮、啶虫脒、虫酰肼、噻虫嗪、噻虫啉、阿维菌素、多杀霉素、苦参碱、白僵菌、绿僵菌、蝗虫微孢子虫、井冈霉素、吡唑醚菌酯、丙草胺、苄嘧磺隆、氰氟草酯、五氟磺草胺、双草醚和芸苔素内酯等，涉及剂型有水分散粒剂、悬浮剂、悬乳剂、水乳剂、微乳剂、可分散油悬浮剂和超低容量液剂等。另外，还有氨基酸等肥料。

第三节　植保无人机施药助剂

植保无人机施药助剂又称为植保无人机施药辅助剂，是植保无人机施药专用药剂的加工和使用中除农药有效成分外的其他各种辅助物料的总称。它是一类助剂，本身一般没有生物活性，却是在植保无人机施药制剂配方中或施药时不可缺少的添加物。每种植保无人机施药助剂都有特定的功能：有的能降低药液的表面张力；有的可减少细小雾滴的产生，减少飘移；有的能增加雾滴在靶标上的黏附与沉积；有的能提高润湿和展布性能；有的能溶解或渗透昆虫或植物叶片表面蜡质层；有的可促进药剂的吸收和传导；有的能提高药液的速效性；有的可提高农药的生物活性或应用效果，增加药效；有的可防止有效成分的分解；有的可增加施药的安全性；等等。总之，植保无人机施药助剂的功能，不外乎改善农药的物理和化学性能，最大限度地发挥药效或有助于植保无人机施药的安全性。

一、植保无人机施药助剂的分类

按照功能，植保无人机施药助剂一般分为两类：一类是促进药剂布展、渗透、吸收的助剂，市场上也普遍称之为植保无人机施药助剂；一类是提高药剂在植保无人机施药过程中快速沉降的助剂，也称为沉降剂。按照不同的分类方式，可将植保无人机施药助剂分为不同的类型，如按功能分，可将植保无人机施药助剂分为展着剂、抗飘移剂、蒸发抑制剂、黏附剂、渗透剂、增效剂、安全剂和吸收剂等。

（一）展着剂

展着剂主要是通过提高药液在植物茎叶和害虫、病原菌体表的湿润和展开能力，从而充分发挥药效的助剂。比如使用无人机在水稻上喷药的时候，因为水稻的叶片为疏水性表面，一般药液在叶片上不浸润，会导致药液吸收受影响，最终影响药效，加入展着剂之后就可以提高药液在叶片上的展布，从而提高药效。

（二）抗飘移剂

抗飘移剂通过减少小雾滴的产生以及增加雾滴的沉降来减少雾滴飘移。植保无人机施药中细雾滴为最易飘移的部分，因此，从制剂药液、药械及喷施技术上减少细雾滴是十分必要的。可挥发组分的蒸发是造成大量细雾滴的重要原因。抗飘移剂的主要作用就是减缓汽化、抑制蒸发、防止雾滴迅速变细而产生飘移，一般以高分子聚合物居多。

（三）蒸发抑制剂

植保无人机施药雾滴分散度高，形成的雾滴粒径小，一般为50~100微米，易飘移，表面积很大，挥发率高。蒸发抑制剂能减少雾滴在运动过程中的蒸发，使更多的雾滴到达作物靶标。

（四）黏附剂

黏附剂是增加农药在植物叶片或者昆虫体壁等固体表面黏附性能的助剂。喷施到叶面上的药剂载体溶液蒸发后，只留下固体的活性物质颗粒，而这些固体的颗粒有被风吹雨洗掉的可能。黏附剂是一些黏性的、不易蒸发的化合物，可以使药物颗粒被粘在叶面上，增加活性成分被叶片吸收的机会。黏附剂常常是聚合物。

（五）渗透剂

渗透剂是指促进药液的有效成分渗透或通过植物叶片或昆虫

表皮进入内部的助剂种类。

(六) 增效剂

增效剂本身是没有生物活性的，但可以通过抑制生物体内的解毒酶，提高农药的生物活性等来提高农药的药效。

(七) 安全剂

安全剂可减少作物的药害产生情况。如在除草剂植保无人机施药中加入适量解草胺腈能大大降低药害风险。

(八) 吸收剂

这一类助剂可以帮助活性成分穿透叶面的角质层、细胞壁、细胞膜而进入细胞内。它渗透性强，能使药物杀死组织内病原菌类或渗入昆虫体壁内杀灭害虫。如在除草剂中加入适量卵磷脂·维生素E（安融乐）能加快杀死草的速度及提高彻底性。

二、植保无人机施药助剂的作用

植保无人机施药助剂能够解决无人机施药过程中容易产生的蒸发、飘失等问题，而且能降低农药的使用量。据报道，在不适宜作业条件下，在药液中加入1%的植物油型助剂，可减少20%~30%的用药量，获得稳定的药效。植保无人机施药助剂主要有高分子聚合物、油类助剂、有机硅等。国内外大量研究和田间试验结果表明，添加合适的植保无人机施药助剂，能起到以下作用。

(一) 影响雾滴大小

加入合适的植保无人机施药助剂后，药液的动态表面张力、黏度等性质发生变化，因此在相同的喷头和压力下，喷出的雾滴大小发生变化。一般来说，油类助剂能够适当增加雾滴粒径。

(二) 抗飘失

加入植保无人机施药助剂能够改变雾滴粒径分布，减少飘失。据国外报道,在相同条件下,水的飘失量为21%,加入油类植保无人机施药助剂后飘失量变为13%。

(三) 抗蒸发

试验表明,在相同条件下,25%嘧菌酯悬浮剂的蒸发速度为4.28微升/(厘米^2·秒),而加入植物油型植保无人机施药助剂的蒸发速度为3.95微升/(厘米^2·秒)。

(四) 促沉积

加入植保无人机施药助剂后,助剂能够帮助药液很好地在植物体表润湿、渗透,提高了农药沉积。

三、植保无人机施药助剂的合理选择

(一) 植保无人机施药助剂使用中的常见问题

植保无人机施药与人工喷雾相比具有喷液量小、雾滴细小、喷速较快的特点,如果没有助剂的添加,在特殊气候条件下就可能出现施药效果不好的情况。添加植保无人机施药助剂具有减少药液蒸发、促进药液在标靶上的快速布展、提高药液渗透、提高药效的作用。使用植保无人机施药助剂有时会出现使用效果差或出现问题,主要有以下原因。

1. 助剂选择性问题

非离子表面活性剂、矿物油、液体肥型喷雾助剂,在干旱条件下效果受影响,所以在干旱条件下应避免选择这些助剂。此外,建议选择具有多种功能的复合型助剂,如不要使用单一的有机硅。

2. 加入助剂量不够

高温干旱条件下,植物油型喷雾助剂量要达到喷液量的1%~2%,才能取得很好的效果。

3. 操作问题

植保无人机施药过程中,重喷、漏喷、悬停时未关闭喷头,都会对效果造成影响。

4. 气候问题

在气温为 13~27℃、空气相对湿度大于 65%、风速小于 4 米/秒时，施药较好。其他不适宜气候，尽量减少喷药。

(二) 选用植保无人机施药助剂要注意的问题

合理选择植保无人机施药助剂可明显提高防治效果。市场上存在的助剂种类较多，如何正确选择植保无人机施药助剂是一个重要问题，在选择时一定要考虑以下 4 方面。

①从产品本身讲，要能针对性地解决植保无人机施药过程中的问题，因此产品需具备抗蒸发、抗飘移、促沉降、促附着、促吸收等性能。

②产品通用性一定要强，应在不同的省份、针对不同作物、在不同病虫害上做过大面积试验示范及应用，且增效作用显著。

③产品应得到全国农技推广部门的验证。农技推广部门在评价植保无人机施药助剂时涉及面广，测试性能指标多，说服力强。

④尽量选择综合实力强的大企业所生产的产品。大企业在原料筛选、生产工艺以及配方评价方面相对严谨，后期的技术服务支持更加专业。

第四节 植保无人机施药流程

一、施药准备

(一) 作业前准备

施药前根据作业地块、作物、靶标等信息划定作业区域，明确作业面积，选择起降点。喷清水进行模拟飞行，检查和校准喷头流量及喷洒监测装置，确保植保无人机喷雾作业状态正常。

（二）飞行参数要求

根据不同作物、不同时期、不同靶标等因素，设定飞行高度距离作物顶部 1.8~2.5 米、飞行速度 4~6 米/秒。选择适合的喷头种类和型号，确保达到喷雾要求。根据防治靶标调整药液量，一般亩喷施药液量≥1 升，如防治草地贪夜蛾亩药液量≥3 升。

（三）气象要求

风速≤5.4 米/秒（3 级风），温度≤30℃，空气相对湿度≥60%。如施药后 2 小时内有降水，应按农药标签使用说明书要求，确定是否需要重新施药。

（四）药剂选择

应选择对作物安全、对人畜安全、对环境友好的高效、低毒、低风险农药，优先选择适于植保无人机施药作业的农药剂型。植保无人机施药作业必须加入安全的专用助剂，严禁使用非专用助剂。

二、药剂配比

（一）配比前准备

①检查确认配药工具齐全（水桶、母液桶、汇总桶、搅拌棒、橡胶手套、护目镜、防毒面具等）。

②检查确认个人防护用具着装（身穿长衣长裤、手戴橡胶手套、口戴防毒面具、眼戴护目镜、头戴防护帽）。

（二）药剂配制

对农药进行二次稀释也称为两步配制法，是农药配制的方法之一。二次稀释法配制农药药液，是先用少量水将药液调成浓稠母液，然后再稀释到所需浓度，它比一次配药具有许多优点：能够保证药剂在水中分散均匀；有利于准确用药；可减少农药中毒的危险。

农药进行二次稀释的方法如下。

①选用带有容量刻度的母液桶,将药放置于瓶内,注入适量的水,配成母液,再用量杯计量使用。

②先在母液内加少量的水,再加放少许的药液,充分摇匀,然后倒置汇总桶,再补足水混匀使用。

③若需要复配药剂时,将所需要配的药剂在母液桶内分别稀释后倒入汇总桶,按照所需要的量进行定容。

注意:为了保证药液的稀释质量,配制母液的用水量应认真计算和仔细量取,不得随意多加或少用,否则都将直接影响防治效果。

三、植保无人机维护

植保无人机在田间地头打药,会沾染上农药,影响植保无人机的使用寿命。因此,应做好维护工作。

(一) 农药类

①用清水反复清洗,直到喷洒系统流出清水晾干即可。

②若喷洒的是在碱性条件下分解或者失效的药剂,可用肥皂水、洗衣粉水、苏打水等碱性溶液清洗。

(二) 除草剂类

①清水清洗。在喷完药剂后需马上用清水清洗桶及各零部件数次,之后将清水灌满喷雾机浸泡2~24小时,再清洗2~3遍。

②泥水清洗。一些除草剂遇土便可钝化失去杀草活性,在喷完这些除草剂后,只要马上用泥水将喷雾器清洗数遍,再用水洗净即可。

③硫酸亚铁洗刷。小麦除草剂中有一定吸附性的2甲4氯等,在喷完该除草剂后,需用0.5%的硫酸亚铁溶液充分洗刷。

(三) 粉剂和乳油药剂

植保无人机不建议喷洒粉剂,如果少量粉剂喷洒后可以用温水和洗衣粉水反复清洗,化控类粉剂须再灌满植保无人机喷洒系统浸泡 2~24 小时,再清洗 2~3 遍。

喷洒乳油类药剂可以用热水和肥皂水反复清洗晾干,化控类乳油(如二甲戊灵)须再灌满植保无人机喷洒系统浸泡 2~24 小时,再清洗 2~3 遍。

第五章 粮食作物病虫害绿色防控技术

第一节 玉米病虫害绿色防控

一、主要病虫害

(一) 玉米锈病

玉米锈病包括普通锈病、南方锈病、热带锈病和秆锈病4种。在我国以普通锈病分布最广，南方锈病在局部地区发生。普通锈病病原为高粱柄锈菌；南方锈病病原为多堆柄锈菌。玉米锈病常在玉米生长后期发病，个别地区或个别年份发病严重，造成植株早枯、籽粒不饱满而减产。

玉米锈病从幼苗期到成株期均可发病而造成较大的损失，以抽雄期、灌浆期发病重，随后发病逐渐降低。该病主要为害叶片、叶鞘，严重时也可侵染果穗、苞叶乃至雄花。初期仅在叶片两面散生浅黄色长形至卵形褐色小脓疱，后小脓疱破裂，散出铁锈色粉状物，即病菌夏孢子；后期病斑上生出黑色近圆形或长圆形突起，开裂后露出黑褐色冬孢子，长1~2毫米。

(二) 玉米小斑病

玉米小斑病是玉米生产中的重要病害之一，广泛分布在我国各玉米产区，以夏收玉米种植区发生最多。

玉米小斑病从幼苗期到成株期均可发病而造成损失，以抽雄期、灌浆期发病重，随后发病逐渐降低。该病主要为害叶片，也为害叶鞘和苞叶。与玉米大斑病相比，叶片上的病斑明显小，但数量多。病斑初为水浸状，后变为黄褐色或红褐色，边缘颜色较深，一般大小为（5~10）毫米×（3~4）毫米。病斑密集时互相连接成片，形成大型枯斑，多从植株下部叶片先发病，向上蔓延、扩展。

(三) 玉米大斑病

玉米大斑病病原为玉米大斑突脐蠕孢菌。该菌主要为害叶片，严重时也可为害叶鞘、苞叶和籽粒。一般从下部叶片开始发病，逐渐向上扩展。苗期很少发病，拔节期后病斑开始出现，抽雄后发病加重。发病部位最先出现水渍状小斑点，然后沿叶脉迅速扩大，形成梭形大斑，病斑中间颜色较浅，边缘较深，一般长5~20厘米、宽1~3厘米；严重发病时，多个病斑连片，导致叶片枯死，枯死部位腐烂。在叶鞘和苞叶上，可生成长形或不规则形暗褐色斑块，其表面产生灰黑色霉层。

(四) 玉米褐斑病

玉米褐斑病在我国发生十分普遍，由于病害主要发生在玉米生长中后期，一般对产量影响不显著。但在一些感病品种上，常导致玉米生长前期病叶快速干枯，引起产量损失。

玉米褐斑病一般从下部叶片开始发病，逐渐向上扩展蔓延。玉米褐斑病从幼苗期到成株期均可发病而造成较大的损失，以抽雄期、灌浆期发病重，随后发病逐渐降低。该病是真菌性病害，病菌主要为害叶片、叶鞘，病斑主要集中在叶片或叶鞘上，病斑初期呈黄色水渍状小斑点，后变为黄褐色或红褐色梭形小斑，病斑中间颜色较浅，边缘色较深。后期病斑破裂，散出黄色粉状物，并形成黑褐色斑点。发病严重时，多个病斑连片，叶片枯死部位干枯，影响叶片光合效率，容易养分不足造成籽粒干瘪。

(五) 玉米青枯病

玉米青枯病又称玉米茎基腐病或茎腐病，是世界性的玉米病害，在我国近年来才有严重发生。该病一般在玉米中后期发病，常见的在玉米灌浆期开始发病，乳熟末期到蜡熟期为高峰期，属一种暴发性、毁灭性病害，特别是在多雨寡照、高湿高温气候条件下容易流行，严重者减产50%左右，发病早的甚至导致绝收。感病后最初植株表现萎蔫，以后叶片自下而上迅速失水枯萎，叶片呈青灰色或黄色逐渐干枯，表现为青枯或黄枯。

病株雌穗下垂，穗柄柔韧，不易剥落，籽粒瘪瘦，无光泽且脱粒困难。茎基部1~2节呈褐色失水皱缩、变软，髓部中空，或茎基部2~4节有梭形或椭圆形水浸状病斑，绕茎秆逐渐扩大，变褐腐烂，易倒伏。根系发育不良，侧根少，根部呈褐色腐烂，根皮易脱落，病株易拔起。根部和茎部有絮状白色或紫红色霉状物。

(六) 玉米纹枯病

玉米纹枯病病原菌主要有3种，即立枯丝核菌、禾谷丝核菌和玉蜀黍丝核菌。玉米纹枯病在我国各玉米种植区均普遍发生，尤以南方潮湿阴雨地区和沿海地区发生严重。

玉米纹枯病主要为害叶鞘，其次是叶片、果穗及苞叶。发病严重时，能侵入坚实的茎秆，但一般不引起倒伏。最初从茎基部叶鞘感病，后侵染叶片并向上蔓延。发病初期，先生出水渍状灰绿色的圆形或椭圆形的病斑，由灰绿色逐渐变成白色至淡黄色，后期变为红褐色云纹斑块。叶鞘受害后，病菌常透过叶鞘而为害茎秆，形成下陷的黑褐色斑块。湿度大时，病斑上常出现很多白霉，即菌丝和担孢子。温度较高或植株生长后期，不适合病菌扩大为害时，即产生菌核。菌核初为白色，老熟后呈褐色。当环境条件适宜，病斑迅速扩大发展，叶片萎蔫，植株似水烫过一样呈暗绿色腐烂而枯死。

（七）玉米红叶病

玉米红叶病属于媒介昆虫蚜虫传播的病毒病，主要发生在甘肃省，在陕西、河南、河北等地也有发生。该病主要为害麦类作物，也侵染玉米、谷子、糜子、高粱及多种禾本科杂草。在红叶病重发生年，对生产有一定影响。

病害初发生于植株叶片的尖端，在叶片顶部出现红色条纹。随着病害的发展，红色条纹沿叶脉间组织逐渐向叶片基部扩展，并向叶脉两侧组织发展，变红区域常常能够扩展至全叶的 $1/3 \sim 1/2$，有时在叶脉间仅留少部分绿色组织，发病严重时引起叶片干枯死亡。

（八）玉米瘤黑粉病

玉米瘤黑粉病为玉米比较普遍的一种病害，为局部侵染病害，植株地上幼嫩组织和器官均可感染发病，病部的典型特点是会产生肿瘤。开始初发病瘤呈银白色，表面组织细嫩有光泽，并迅速膨大，常能冲破苞叶而外露，表面逐渐变暗，略带浅紫红色，内部则变成灰色至黑色，失水后当外膜破裂时，散出大量黑粉孢子。叶上、茎秆上发病形成密集成串小肿瘤，雄雌穗发病可部分或全部变成较大的肿瘤。发病严重时，影响植株代谢和养分积累，容易造成养分消耗过多而使籽粒干瘪，严重的可减产15%以上。

（九）蚜虫

蚜虫是玉米的主要害虫，在为害玉米的多种蚜虫中，以玉米蚜和禾谷缢管蚜最常见。玉米蚜又名玉米缢管蚜，禾谷缢管蚜又名粟缢管蚜或小米蚜，都分布在全国各地，可为害玉米、谷子、高粱、麦类、水稻等禾本科作物及多种禾本科杂草。

成蚜、若蚜群聚在玉米叶片、叶鞘、雄穗、雌穗苞叶等处，刺吸植物组织的汁液，引致叶片等受害部位变色，生长发育受抑，严重时导致植株枯死。玉米蚜虫还分泌蜜露，使受害部位"起油"发亮，后生霉变黑。蚜虫可传播玉米矮花叶病毒和大麦黄矮病毒等主要植物病毒。

(十) 玉米螟

玉米螟是世界性玉米主要害虫，广泛分布于全国各玉米种植区，严重降低了玉米的产量和品质，大发生时使玉米减产30%以上。除玉米外，该虫还寄生高粱、谷子、水稻、大豆、棉花等多种农作物。

玉米螟是钻蛀性害虫，幼虫钻蛀取食心叶、茎秆、雄穗和雌穗。幼虫蛀穿未展开的嫩叶、心叶，使展开的叶片出现一排排小孔。

幼虫可蛀入茎秆，取食髓部，影响养分输导，受害植株籽粒不饱满，被蛀茎秆易被大风吹折。幼虫钻入雄花序，使之从基部折断。幼虫还取食雌穗的花丝和嫩苞叶，并蛀入雌穗，食害幼嫩籽粒，造成严重减产。玉米螟蛀孔处常有锯末状虫粪。

二、防控策略

坚持预防为主、联防联控，分区域开展绿色防控技术集成应用。采用生态调控、理化诱控、生物防治和科学用药等防控措施，加强中后期病虫害综合防治，促进提质增产，保障玉米生产安全。

三、防控措施

(一) 根腐病、丝黑穗病、线虫矮化病、纹枯病和茎腐病等土传病害

选用抗（耐）病品种，利用含有精甲·咯菌腈、苯醚甲环

唑、吡唑醚菌酯或戊唑醇等成分的种子处理剂拌种或包衣，与丁硫克百威复配还可以防治线虫矮化病。避免频繁漫灌，暴雨后及时排出田间积水。纹枯病在发病初期（玉米拔节时）喷施井冈霉素 A 等杀菌剂，视发病情况隔 7~10 天再喷 1 次。

（二）蛴螬、地老虎、金针虫等地下害虫及蓟马、二点委夜蛾、甜菜夜蛾等苗期害虫

播前灭茬或清茬，清除玉米播种沟上的覆盖物；选用含有噻虫胺、噻虫嗪等新烟碱类杀虫剂与氯虫苯甲酰胺、溴氰虫酰胺或丁硫克百威复配的种子处理剂拌种或包衣，兼治后期双斑长跗萤叶甲、蚜虫、叶螨、蓟马等。生物防治可用金龟子绿僵菌、球孢白僵菌颗粒剂随种肥沟施。

（三）玉米大斑病、小斑病、南方锈病、褐斑病、弯孢叶斑病、北方炭疽病等叶部病害

选用抗（耐）病品种，合理密植、科学施肥、健康栽培。在发病初期，选用枯草芽孢杆菌、井冈霉素 A、苯醚甲环唑、吡唑醚菌酯、丙环·嘧菌酯等杀菌剂喷施，视发病情况隔 7~10 天再喷 1 次。

（四）草地贪夜蛾、玉米螟、黏虫、棉铃虫、桃蛀螟等害虫

秸秆粉碎还田，减少虫源基数；成虫发生期使用灯诱、食诱结合性诱剂诱杀；产卵初期释放螟黄赤眼蜂、松毛虫赤眼蜂、玉米螟赤眼蜂或夜蛾黑卵蜂等天敌灭卵；幼虫低龄低密度阶段优先选用苏云金杆菌、球孢白僵菌、甘蓝夜蛾核型多角体病毒、金龟子绿僵菌、短稳杆菌等生物农药；应急防治可选用四氯虫酰胺、氯虫苯甲酰胺、甲氨基阿维菌素苯甲酸盐、乙基多杀菌素、茚虫威等杀虫剂，抓住低龄幼虫最佳防控时期实施统防统治和联防联控。

四、综合防控技术

（一）秸秆处理、深耕灭茬技术

采取秸秆综合利用、粉碎还田、深耕土壤、播前灭茬等措施，病虫害严重发生地块病残体离田处理，压低病虫源基数。

（二）种子处理技术

根据地下害虫、土传病害和苗期病虫害种类，选择适宜的种子处理剂拌种或包衣。

（三）中后期一喷多效技术

心叶末期，统一喷洒苏云金杆菌、球孢白僵菌等生物制剂防治玉米螟、棉铃虫和草地贪夜蛾，压低后期虫量；根据叶斑病、穗腐病、玉米螟、黏虫、棉铃虫、蚜虫和双斑长跗萤叶甲等病虫发生情况，合理混用杀虫剂和杀菌剂，控制后期病虫为害。宜使用高秆作物喷雾机或航化作业提升防控效率和效果。

（四）成虫诱杀技术

在鳞翅目和鞘翅目等趋光性强的害虫成虫羽化期，使用杀虫灯诱杀，对草地贪夜蛾、玉米螟、棉铃虫、黏虫等成虫可结合性诱剂诱杀，对黏虫、棉铃虫等夜蛾科害虫可结合食诱剂诱杀。

（五）卵寄生蜂防虫技术

在玉米螟、棉铃虫、桃蛀螟和草地贪夜蛾等害虫产卵初期至盛期，选用当地优势蜂种，每亩放蜂 1.5 万~2.0 万头，每亩设置 2~5 个释放点，间隔 7 天分 2 次统一释放。

五、注意事项

①杀虫灯注意在害虫成虫羽化高峰期和夜间活跃时段使用，最大限度保护生态平衡。

②性诱剂诱杀技术应大面积连片应用，且不能将不同害虫的

诱芯置于同一诱捕器内。

③生物农药应在病害发生初期或害虫低龄阶段施用，确保防效。

④施药宜在清晨或傍晚，用水量要足，施药部位要精准。

⑤当季使用过烟嘧磺隆除草剂的地块，避免使用有机磷农药，以免发生药害。

⑥注重农药的交替使用、轮换使用、安全使用，延缓抗药性产生。

第二节　水稻病虫害绿色防控

一、主要病虫害

（一）稻瘟病

稻瘟病是水稻生长过程中最常见的病害，发生后对水稻的危害比较严重，严重时可以造成水稻绝收。稻瘟病根据时期和发生部位不同又分为不同种类，如苗瘟、叶瘟、穗颈瘟等。苗瘟主要发生在水稻幼苗的 3 叶期之前，初期在芽和芽鞘上出现水渍状斑点，随后幼苗的根部会开始变黑，黑色部位逐渐向上蔓延，当叶片变成红褐色时会导致幼苗死亡。叶瘟发生在水稻 3 叶期以后，分为白点型、褐点型、急性型、慢性型 4 种。穗颈瘟发生在抽穗期，病斑初呈浅褐色小点，逐渐围绕穗颈、穗轴和枝梗向上下扩展，病部因品种不同呈黄白色、褐色或黑色。穗颈瘟会导致谷粒干瘪甚至形成全白穗。稻瘟病无论在哪个部位发生，其病斑都具有明显的褐色边缘，中央灰白色，遇潮湿条件，病部生灰绿色霉状物。

（二）白叶枯病

白叶枯病也是水稻生长过程中的常见病害，发生该病后会导致水稻碎米现象严重，减产量能达到40%左右，严重时甚至导致绝收。白叶枯病发生后一般会在水稻叶尖或叶片的边缘出现斑点，斑点颜色为黄绿色，随着病情严重，斑点颜色会慢慢变白，最后植株变成黄褐色枯死。水稻感染白叶枯病后容易倒伏，使水稻秕穗较多，造成大面积减产。

（三）纹枯病

纹枯病主要发生在高温高湿的环境，南方由于气候原因发病更明显，发病概率更高。纹枯病在发病初期，近水面上的水稻叶片出现绿色斑点，但初期时斑点较小，随着病情严重斑点变大，最后呈灰白色，但斑点周围呈褐色。

（四）稻曲病

稻曲病主要发生在水稻的穗部，发生时影响水稻穗的发育，导致水稻减产。其主要为害水稻谷粒，在谷粒中形成菌丝，随着病情发展菌丝逐渐扩大，露出黄色的孢子座，最后呈黑色、破裂，在风雨条件下易脱落。

（五）稻恶苗病

稻恶苗病主要导致水稻播种后不能正常发芽和出土。在水稻幼苗期发病会造成水稻植株发育不良，水稻叶片细长，且部分幼苗在移栽前可能会枯死，枯死的幼苗叶片上有淡红色的霉状物。如果在水稻拔节期间发病，那么会使水稻的节间增长，有一部分节会弯曲鼓足露于叶鞘外，当剥开叶鞘时会发现水稻茎秆上有褐色条斑，发病较轻会使水稻减产，严重时导致绝收。

（六）水稻螟虫

水稻螟虫也叫钻心虫，是水稻主要害虫之一，该害虫一生分为4个阶段，分别为成虫、卵、幼虫和蛹。一般为害水稻的大多为二化螟和三化螟，二化螟幼虫身体淡褐色，背部有5条紫褐色纵线；三化螟幼虫黄白色或淡黄色，背中央有一条绿色纵线。水稻螟虫为害水稻后造成枯心或白穗，严重影响水稻的产量和质量。

二、防控策略

坚持预防为主、综合防治，推进绿色防控、统防统治，实现控害保产、减药增效。以选用抗（耐）病虫品种、建立良好稻田生态系统、培育健康水稻为基础，落实生态调控和农艺措施，优先应用昆虫信息素和生物防治等非化学的绿色防控措施，合理安全应用高效低风险农药，保障水稻生产高质高效绿色安全。

三、防控措施

（一）预防技术

1. 选用抗（耐）性品种

因地制宜选用抗（耐）病虫的水稻品种，避免种植高（易）感品种。注意根据当地易发病虫害，合理布局种植不同遗传背景的水稻品种。

2. 播种期和秧苗期预防

一是播种前药剂浸种或拌种，预防种传或苗期病虫。二是秧苗移栽前2~3天施用内吸性药剂，带药移栽，预防水稻螟虫、稻蓟马、稻飞虱和叶蝉及其传播的病毒病。三是水稻线虫病发生区，苗床土壤处理和移栽前使用药剂浸根处理。四是南方水稻黑条矮缩病、黑条矮缩病等病毒病流行区，采用20~40目防虫网或15~20克/米^{2}无纺布全程覆盖秧田育秧，或采用工厂化集中育秧，阻隔介体昆虫传毒，预防病毒病。五是秧苗期施用赤·吲乙·芸苔等植物生长调节剂或氨基寡糖素等植物诱抗剂，提高水稻抗逆性，培育壮秧。

3. 孕穗末期至抽穗期重点预防

水稻孕穗末期，施药预防稻曲病、穗腐病、叶鞘腐败病等病害；破口期至齐穗期，重点防控稻瘟病（穗颈瘟）、水稻螟虫、稻飞虱、纹枯病等。

4. 生物多样性控害

采用生态工程技术，在田埂、路边、沟边、机耕道旁种植芝麻、大豆、秋英、紫花苜蓿等显花植物，涵养和保护寄生蜂、蜘蛛等天敌，提高稻田生物多样性，增强天敌自然控害能力；种植香根草等诱集植物，丛距3~5米，降低水稻螟虫种群基数。

5. 农艺措施

①翻耕灌水灭蛹。在越冬代螟虫蛹期，连片统一翻耕冬闲田、绿肥田，灌深水浸没稻桩7~10天，降低虫源基数。

②健康栽培。适时晒田，避免重施、偏施氮肥，适当增施磷钾肥和硅肥。

③低茬收割。秸秆粉碎后还田，降低螟虫残虫量。

④清洁田园。螟虫、稻瘟病、细菌性病害重发田的稻草避免直接还田，应离田后综合利用。

(二) 非化学绿色防控技术

1. 昆虫性信息素诱控

越冬代二化螟、大螟和主害代稻纵卷叶螟始蛾期，集中连片设置性信息素，干扰交配或群集诱杀。一是交配干扰，采用高剂量性信息素智能喷施装置，每3亩设置1套，傍晚至日出每隔10分钟喷施1次。二是群集诱杀，采用持效期3个月以上的挥散芯（诱芯）和干式飞蛾诱捕器，平均每亩放置1套，田间均匀放置，高度以诱捕器底端距地面50~80厘米为宜，并随植株生长调整高度。

2. 人工释放赤眼蜂

在二化螟、稻纵卷叶螟主害代蛾始盛期释放稻螟赤眼蜂，每代放蜂2~3次，间隔3~5天，放蜂量8 000~10 000头/亩，每亩均匀放置5~8点。蜂卡放置高度以分蘖期高于植株顶端5~20厘米、穗期低于植株顶端5~10厘米为宜；可降解释放球可直接抛入田中。高温季节宜在傍晚放蜂。

3. 稻鸭共育

有条件的稻田，水稻分蘖初期每亩放入15~20日龄的雏鸭10只左右，水稻齐穗时收鸭。通过鸭子的取食和活动，减轻纹枯病、稻飞虱、福寿螺和杂草等发生为害。

（三）药剂控害技术

1. 二化螟

药剂防治指标为分蘖期枯鞘丛率达到8%~10%或枯鞘株率达到3%；穗期重点防治上代残虫量大、当代卵孵盛期与水稻破口抽穗期相吻合的稻田，于卵孵化高峰期施药。选用苏云金杆菌、金龟子绿僵菌、印楝素、氯虫苯甲酰胺等生物农药或低风险化学农药。

2. 稻飞虱

华南、西南、长江中下游稻区重点防治褐飞虱和白背飞虱；黄淮稻区重点防治白背飞虱和灰飞虱。重点在水稻生长中后期施药，防治指标为孕穗期百丛虫量1 000头、穗期百丛虫量1 500头；西南和华南稻区还需注意分蘖期迁入代的防治。优先选用金龟子绿僵菌、球孢白僵菌、苦参碱等生物农药和三氟苯嘧啶、烯啶虫胺、吡蚜酮、醚菊酯、氟啶虫胺腈等高效低风险的化学药剂。

3. 稻纵卷叶螟

水稻分蘖期发挥植株补偿功能，减少用药。药剂防治指标为分蘖期百丛水稻束叶尖150个，孕穗后百丛水稻束叶尖60个。在卵孵化始盛期至低龄幼虫高峰期施药，优先选用苏云金杆菌、金龟子绿僵菌、短稳杆菌、甘蓝夜蛾核型多角体病毒、球孢白僵菌、稻纵卷叶螟颗粒体病毒等微生物农药，或四氯虫酰胺、茚虫威、多杀霉素、氯虫苯甲酰胺等高效、低生态风险的化学药剂。

4. 稻瘟病

防治叶瘟在田间初见病斑时施药，预防穗瘟在破口抽穗初期施药，穗期若气候适温高湿，间隔 7 天第 2 次施药。选用枯草芽孢杆菌、春雷霉素、多抗霉素、申嗪霉素、井冈·蜡芽菌、三环唑、丙硫唑、咪铜·氟环唑、嘧菌酯等药剂。

5. 南方水稻黑条矮缩病

华南、西南南部常发区采用内吸性杀虫剂拌种和带药移栽。春季（4—5 月）迁入白背飞虱带毒率大于 1% 或早稻中后期南方水稻黑条矮缩病的病株率大于 3% 的稻区，中稻和晚稻秧田期和分蘖初期需防治。选用内吸性长持效期的三氟苯嘧啶、吡虫啉、噻虫嗪、吡蚜酮等药剂防治白背飞虱，联合使用毒氟磷、宁南霉素等防病毒药剂。

6. 纹枯病

分蘖末期至孕穗期病丛率达到 20% 时和破口抽穗初期结合保穗，选用井冈霉素 A、井冈·蜡芽菌、枯草芽孢杆菌、多抗霉素、氟环唑、咪铜·氟环唑、噻呋酰胺等药剂防治。

7. 稻曲病、穗腐病和叶鞘腐败病

水稻破口前 7~10 天（10% 水稻剑叶叶枕与倒二叶叶枕齐平时）施药预防，如遇多雨天气，7 天后第 2 次施药。药剂选用井冈·蜡芽菌、氟环唑、咪铜·氟环唑、申嗪霉素、苯甲·丙环唑、肟菌·戊唑醇等。

8. 细菌性病害

针对细菌性基腐病、细菌性条斑病、白叶枯病等病害，在种子处理和带药移栽的基础上，当田间出现发病中心时立即施药防治。重发区在台风、暴雨前后施药预防。药剂选用噻唑锌、噻霉酮等。

9. 其他病虫害

（1）三化螟

水稻破口抽穗初期施药，重点防治每亩卵块数达到 40 块的稻田，方法同二化螟。

（2）条纹叶枯病和黑条矮缩病

秧田期至分蘖前期施药防治灰飞虱。防治指标：条纹叶枯病为杂交稻秧田每亩灰飞虱带毒虫量 1 000 头，大田初期每亩灰飞虱带毒虫量 3 000 头，其他品种类型稻田可适当放宽指标；黑条矮缩病为一代灰飞虱成虫每亩带毒虫量 6 700 头，二代若虫每亩带毒虫量 10 000 头。药剂使用参照南方水稻黑条矮缩病。

（3）立枯病

苗床施药预防。秧田出现症状时，叶面喷雾。药剂可选用蛇床子素、寡雄腐霉、噁霉灵。

四、注意事项

一是性信息素应大面积连片应用、群集诱杀时不能将不同种类害虫的性信息素挥散芯置于同一诱捕器内。

二是化学药剂防治应达标用药，生物农药应适当提前施用，确保药效。

三是白叶枯病和细菌性条斑病流行期，慎用植保无人机施药。

四是稻鸭、稻虾、稻鱼、稻蟹等种养区和种桑养蚕区及其邻近区域，应慎重选用药剂，避免对养殖造成毒害。

五是稻田禁用含拟除虫菊酯类成分农药，慎用有机磷类农药。水稻分蘖期尽量少用甲氨基阿维菌素苯甲酸盐、阿维菌素，破口抽穗期慎用三唑类杀菌剂，扬花期慎用新烟碱类杀虫剂（吡虫啉、烯啶虫胺、噻虫嗪等），减少对授粉昆虫的影响。

六是重视交替轮换用药，有效延缓和治理抗药性。提倡不同作用机理药剂合理轮用，避免同一种药剂在不同稻区间或同一稻区内循环、连续使用。提倡使用高含量单剂，避免使用低含量复配剂。根据抗药性监测结果，限制使用已产生中等以上抗性的药剂。

七是严格遵守农药使用操作规程，执行农药安全间隔期，确保稻米质量安全。

第三节　小麦病虫害绿色防控

一、主要病虫害

（一）小麦锈病

小麦锈病又叫黄疸，主要有秆锈病、叶锈病和条锈病3种，分别由秆锈病菌、叶锈病菌和条锈病菌引起。主要为害小麦叶片，也可为害叶鞘、茎秆、穗部。小麦发病后轻则麦粒不饱满，重则麦株枯死，不能抽穗。

（二）小麦白粉病

白粉病在苗期至成株期均可为害。主要为害叶片，严重时也可为害叶鞘、茎秆和穗部。病部初产生黄色小点，而后逐渐扩大为圆形或椭圆形的病斑，表面生一层白粉状霉层，霉层以后逐渐变为灰白色，最后变为浅褐色，其上生有许多黑色小点。发病严重时植株矮小细弱，穗小粒少，千粒重明显下降，严重影响产量。

（三）小麦赤霉病

赤霉病在幼苗期至抽穗期都可为害，主要引起苗枯、茎基腐、秆腐和穗腐，其中危害最严重的是穗腐。

(四) 小麦纹枯病

纹枯病在小麦各生育期均可为害，造成烂芽、病苗死苗、花秆烂茎、倒伏、枯孕穗等多种症状。

(五) 蚜虫

早期在叶片上或基部叶鞘内外吸食汁液，导致麦苗不能正常生长发育；后期集中在穗部刺吸汁液，导致千粒穗严重下降，大大影响产量和品质。

(六) 红蜘蛛

以成虫、若虫吸食麦叶汁液并使受害叶上出现细小白点，后期麦叶变黄、麦株生长不良、植株矮小，严重的全株干枯，对产量影响很大。

(七) 吸浆虫

以幼虫吸食麦浆液造成籽粒瘪瘦，虫害发生严重时可造成绝收。

(八) 地下害虫（蝼蛄、蛴螬、金针虫）

金针虫和蛴螬幼虫在土中取食播种下的种子、萌出的幼芽、根部，导致作物枯萎致死并造成缺苗断垄；蝼蛄成虫、若虫均在土中活动，取食播下的种子、幼芽或将幼苗咬断，受害的根部呈乱麻状，还在表土层钻成许多隧道造成缺苗断垄。

二、防控策略

坚持"预防为主，综合防治"的植保方针，树立"公共植保、绿色植保"理念，针对我国不同生态区小麦全生育期主要病虫害发生种类及为害特点，按照"突出重点、分区治理、因地制宜、分类指导"的原则，强化绿色防控与统防统治相融合，推广种植抗病品种、药剂拌种、适期晚播、健康栽培等预防控制措施，有效控制小麦病虫为害。

三、防控措施

在准确监测的基础上,根据小麦不同生育阶段主要防治对象,因地制宜,分类施策,预防为主,综合防治。

(一)返青拔节期

以防治条锈病、纹枯病、茎基腐病为重点,挑治蚜虫和麦蜘蛛。对条锈病,要加强病情监测,实施分区防控。西南、汉水流域和河南南部、甘肃陇南等主要冬繁区,要封锁发病田块,全面落实"带药侦查、打点保面"防治策略,减少菌源外传,延缓其向黄淮和华北麦区扩散蔓延。在越夏区,春季要加强转主寄主小檗四周麦秸堆的遮盖,控制条锈菌有性生殖,降低病菌毒性变异速率。黄淮春季流行区,坚持"发现一点,防治一片",及时控制发病中心;当田间平均病叶率达到0.5%~1.0%时,组织开展大面积应急防控,并且做到同类区域防治全覆盖。防治药剂可选用戊唑醇、氟环唑、丙环唑、嘧啶核苷类抗生素、丙唑·戊唑醇、丙硫菌唑·戊唑醇等。当纹枯病病株率达10%时,可选用井冈·蜡芽菌、噻呋酰胺、戊唑醇、丙环唑、烯唑醇、井冈霉素、多抗霉素等进行防治。对小麦茎基腐病,选用丙硫菌唑、氟唑菌酰羟胺、氰烯菌酯、氰烯·戊唑醇、嘧菌酯·丙环唑等药剂防治。要注意加大水量,将药液喷淋在麦株茎基部,以确保防治效果。

对麦蜘蛛,当平均33厘米行长螨量达200头时,选用阿维菌素、联苯菊酯、马拉·辛硫磷、联苯·三唑磷等药剂喷雾防治,同时可通过中耕除草、合理肥水管理等农业措施,降低田间虫量。对蚜虫,当蚜量达到百株500头时,应进行重点挑治。在病虫防控的同时,可结合当地苗情,适当添加生长调节剂或免疫诱抗剂如芸苔素内酯、赤·吲乙·芸苔、氨基寡糖素、二氢卟吩铁、噻苯隆、多效唑等，促进弱苗转壮，控制旺苗徒长，提高其抗病虫害和抵御倒春寒等能力。

（二）抽穗扬花期

以预防赤霉病为主，兼顾锈病、白粉病、吸浆虫等。对赤霉病，长江中下游和黄淮南部等常年病害流行区，应抓住关键时期，主动预防，见花打药，遏制病害流行；对高感品种，如天气预报扬花期有阴雨、结露和多雾天气，首次施药时间应提前至抽穗期；药剂品种可选用氰烯菌酯、丙硫菌唑、氟唑菌酰羟胺、戊唑醇、丙唑·戊唑醇、氰烯·戊唑醇、叶菌唑、枯草芽孢杆菌、井冈·蜡芽菌等，要用足药液量，如施药后3~6小时内遇雨，雨后应及时补治。如抽穗扬花期遇到适合病害流行的连续阴雨天气，需隔5~7天再用药防治1~2次，以确保防治效果。对苯丙咪唑类药剂抗性水平高的地区，应停止使用多菌灵、甲基硫菌灵等药剂使用，提倡轮换用药和组合用药。赤霉病偶发区，可结合其他病虫害防治，在抽穗扬花期进行兼治。

对小麦吸浆虫，应重点做好抽穗期的成虫防治；在孕穗初期，当早上或傍晚手扒麦垄看到1~2头成虫，应及时选用辛硫磷、高效氯氟氰菊酯、氯氟·吡虫啉等农药进行防治，重发区间隔3天再用药1次，以确保效果。

对小麦白粉病、叶锈病，可以结合防治条锈病、赤霉病进行兼治；当田间病叶率达10%时，选用环丙唑醇、腈菌唑等杀菌剂进行防治，严重发生田，应隔7~10天再喷1次。

（三）灌浆期

重点防控麦穗蚜，提倡综合用药，达到一喷多效。当田间百穗蚜量达800头以上，益害比（天敌：蚜虫）低于1∶150时，可选用啶虫脒、吡虫啉、抗蚜威、高效氯氟氰菊酯、苦参碱、耳霉菌等药剂喷雾防治。有条件的地区，提倡释放蚜茧蜂等天敌昆虫进行生物防治。对白粉病和叶锈病等可结合小麦"一喷三防",实施杀虫剂、杀菌剂科学混用,综合控制。

四、主推技术

(一) 绿色防控技术

重点推广抗病品种和适期晚播、深翻、生态调控、保护及利用天敌等技术,提高药剂拌种或者种子包衣比例。对于条锈病、赤霉病等重大病害,要加强监测预警,及早发现、采用生物农药及时处置。对重点区域,应加强监测预防,必要时组织开展专业化应急防控,防止病虫害大面积暴发为害。

(二) 穗期"一喷三防"技术

小麦抽穗至灌浆期是赤霉病、条锈病、白粉病、叶锈病、麦蚜、吸浆虫等多种病虫同时发生为害的关键期,可选用高效对路的杀菌剂、杀虫剂、叶面肥和调节剂等科学混用,综合施药,防病虫防早衰,达到一喷多效。

(三) 科学用药技术

做到抓住关键时期、选用正确药剂、用足药量水量、科学混配、交替用药,注意保护蜜蜂等非靶标生物。推广使用自走式宽幅施药机械、静电喷雾器、植保无人机等高效施药机械喷雾防治。植保无人机施药时,应添加相应的功能助剂,每亩用水量不低于1.5升,确保防治效果。

第四节 马铃薯病虫害绿色防控

一、主要病虫害

(一) 马铃薯晚疫病

晚疫病是马铃薯生产中发生最普遍、危害最严重的病害,常年偏重发生，主要为害马铃薯茎、叶和块茎。叶片染病，从叶尖或叶缘开始产生水浸状斑点，湿度大时很快扩大成褐色病斑，边缘水浸状，生出一圈白色霉状物，叶背霉层尤为明显。叶柄和茎部受害，产生黑褐色条斑，白霉较少，常致叶片萎蔫、干枯下垂，后期全株黑色湿腐状。一般流行年份，可导致产量损失8%~30%，大流行年份产量损失可达50%以上，甚至绝收。

(二) 马铃薯早疫病

早疫病发生仅次于晚疫病，常年为中等、中等偏轻发生。发病初期叶片上出现褐黑色的小斑点，然后病斑逐渐扩大，形成同心轮纹，与健康组织间有明显的边界，多为卵圆形或多角形，病斑为干枯斑点，不呈现水浸状，严重时病斑连成一片，整个叶片枯死。天气潮湿时，病斑上生黑色绒毛状霉层。多在4月上中旬（马铃薯现蕾前）发生，在块茎膨大期开始流行。田间一般病叶率15%~20%，严重发生地块可达50%~70%。该病主要发生在马铃薯生长后期，对产量的影响较小。

(三) 马铃薯病毒病

病毒病是马铃薯上的主要病害之一，分布广，发生普遍，通常造成轻度损失，少数地区或特殊年份发病较重。在田间常表现花叶、坏死、卷叶3种症状类型。花叶型即叶片颜色不均，呈现浓淡相间花叶或斑驳，严重时皱缩矮化，有时还表现明脉。坏死型即在叶、叶脉、叶柄和枝条、茎蔓上出现褐色坏死斑点，后期转变成坏死条斑，严重时叶片枯死或萎蔫脱落。卷叶型即叶片沿主脉由边缘向内翻卷，继而叶片变硬、变脆，严重时叶片卷曲呈筒状。该病在马铃薯的各个生长时期均有发生，田间一般病株率10%~15%，严重田块病株率30%~50%，马铃薯感染病毒病后结薯少、薯块小，一般造成减产20%~50%，严重时减产80%以上。

(四) 马铃薯黑胫病

黑胫病是细菌性病害，在马铃薯生长期的各阶段均可发病。田间发病情况根据薯块带菌量多少而定。病害发展由块茎开始，传至茎基部，继而发展到茎上部，植株矮化、僵直、叶片黄化、小叶边缘向上卷曲，发病后期，茎基部变黑腐烂，整个植株萎蔫，甚至倒伏、死亡。在潮湿多雨天气，病害发展很快，并伴有恶臭味。一般年份田间病株率5%~10%，个别发生严重田块的病株率高达40%~60%。

(五) 地下害虫

常见为害马铃薯的地下害虫有金针虫、地老虎、蛴螬、蝼蛄等，金针虫主要在播种后出苗前为害种薯和根系；地老虎在马铃薯幼苗期为害种薯和茎；蛴螬主要为害地下嫩茎、地下茎和块茎，进行咬食和钻蛀；蝼蛄主要为害地下茎和根，使地上部萎蔫或死亡，有时也咬食芽块，使萌芽不能生长，造成缺苗。其中以地老虎为害较重，常年中等发生。

(六) 马铃薯蚜虫

主要以桃蚜为主，带毒传播导致马铃薯病毒病，造成马铃薯种薯退化及产量损失。常年中等发生，发生盛期在4—7月。

二、防控策略

贯彻"预防为主，综合防治"的植保方针，大力推进绿色防控，优先采用抗病品种，选用优质脱毒种薯，推广种薯处理等技术，根据病虫害发生动态调查监测结果，综合防治、科学用药，推进专业化统防统治和农户联防联控，提高防控效果。

三、防控措施

(一) 播期防控技术

1. 轮作防病虫害技术

实行3年以上轮作防治土传病害和地下害虫。与玉米、小麦、大豆、蚕豆等非茄科作物轮作倒茬；精细整地，当地温达到10℃以上开始播种，播种深度8~10厘米，避免因地温偏低和播种过深出苗缓慢加重黑痣病、枯萎病等土传病害的发生。

2. 选用抗病品种和脱毒种薯

根据不同生产区域特点选择适合的抗病、商品性好、高产、耐储运的品种。选择脱毒马铃薯原种或一级种薯播种。

3. 种薯切刀消毒技术

播种前先把种薯放在室内摊放5~6天，进行晾种，不断剔除病薯。在种薯切块过程中，用75%乙醇蘸刀或3%来苏水、0.5%高锰酸钾溶液浸泡切刀5~10分钟进行消毒，多把切刀轮换使用。将种薯切成40~50克大小的薯块，保证每个薯块上带2~3个芽眼，切块大小应均匀一致。

4. 种薯处理技术

种薯切块后选用咯菌腈、氟环·咯菌腈，或精甲·咯·嘧菌任意一种药剂进行种薯拌种，也可选用甲基硫菌灵+春雷霉素、白僵菌、苏云金杆菌、木霉菌等生物制剂拌种，防治土传、种传病害和地下害虫。拌种后晾干，装入网袋小垛摆放，保持良好通风，促使伤口愈合，1~2天后播种。

5. 随种垄沟施药防病技术

对土传病害严重的地块，全田施用芽孢杆菌生物菌肥或菌剂。如果田块以黑痣病、枯萎病和黄萎病等真菌性土传病害为主，播种时沟施嘧菌酯或噻呋酰胺，如该田除上述病害还有晚疫病、疮痂病等病害发生，沟施氟啶胺及微生物菌剂等。

(二) 苗期病虫害防治技术

苗期防治重点是晚疫病、地下害虫等。在云南、贵州、四川等降水量大的晚疫病高发区，如出苗后气温达到18℃以上，同时遇有连阴雨天气，或根据晚疫病田间监测预警系统信息，及时喷施苦参碱、代森锰锌、氟啶胺或氰霜唑等保护性药剂1~2次进行保护预防。如出现中心病株，可喷施丁子香酚、烯酰吗啉或氟菌·霜霉威等内吸性治疗剂1~2次消灭中心病株。对于地下害虫，利用灯光诱杀，每20~30亩布设1台杀虫灯，夜间定时开灯诱杀，尽量避免误杀天敌。也可利用性信息素诱杀成虫，每亩设置2~3个性诱捕器，设置高度超过马铃薯植株顶端20厘米左右。成虫出土前用辛硫磷拌土地面撒施，或出土后用溴氰菊酯等药剂喷雾防治。

(三) 块茎形成期防治技术

块茎形成期防治重点是晚疫病、疮痂病、蚜虫、二十八星瓢虫等。该期晚疫病防治可喷施保护性杀菌剂2~3次。根据田间监测预警情况，适时选用代森锰锌、氟啶胺、氰霜唑等保护性杀菌剂进行全田喷雾。施药间隔根据降水量和所用药剂的持效期决定，一般间隔5~10天。喷药后4小时内遇雨应及时补喷。疮痂病严重的地块可用芽孢杆菌等生物菌剂滴灌1~2次。如有黑胫病、青枯病等病害发生，可选用噻唑锌或噻霉酮等药剂滴灌或灌根2~3次。二十八星瓢虫防治应在卵孵化盛期至三龄幼虫分散前，选用高效氯氟氰菊酯等进行叶面喷雾1~2次，施药间隔期7~10天。蚜虫防治，在采取铲除田间、地边杂草，切断中间寄主和栖息场所等农业措施的基础上，优先选用苦参碱、除虫菊素等生物药剂防治，也可采用吡虫啉、噻虫嗪等化学药剂喷雾防治。

(四) 块茎膨大期防治技术

块茎膨大期防治重点是晚疫病、早疫病、二十八星瓢虫、马铃薯块茎蛾、豆芫菁等病虫害，也是全年早疫病和晚疫病防控的重中之重。晚疫病防治依据田间监测预警系统或田间病圃监测结果确定喷施最佳时间，选择内吸治疗剂和保护剂同时使用，防治药剂可选用烯酰吗啉、氟噻唑吡乙酮、丁子香酚、噁酮·霜脲氰、氟菌·霜霉威、霜脲·嘧菌酯、嘧菌酯、氟菌·霜霉威、唑醚·氰霜唑、烯酰·锰锌等药剂。早疫病防治可选用苯甲·丙环唑、嘧菌酯、啶酰菌胺、烯酰·吡唑酯、苯甲·嘧菌酯、噁酮·氟噻唑等药剂。施药间隔根据降水量和所用药剂持效期决定，一般间隔5~10天，喷药后4小时内遇雨应及时补喷。早疫病严重且植株长势较弱的地块，可增施2次磷酸二氢钾等叶面肥。疮痂病严重的地块，可滴灌1次芽孢杆菌等生物菌剂。黑胫病、环腐病和青枯病严重的地块，可选用噻唑锌或噻霉酮等药剂滴灌或喷淋2~3次。马铃薯块茎蛾防治前期选用食诱、性诱、灯光诱杀等理化诱控技术，控制成虫数量的基础上，重点加强卵孵化盛期至二龄幼虫分散前的药剂防治，可选氨基甲酸酯类或拟除虫菊酯（或与其他生物农药混合使用）进行叶面喷雾。

(五) 收获至贮藏期病虫害防控技术

收获前7天左右杀秧。杀秧后至收获前喷施一次杀菌剂，如烯酰吗啉、氢氧化铜或噁酮·霜脲氰等，杀死土壤表面及残秧上的病菌防止侵染受伤薯块。杀秧后如不能及时收获，种薯田还应加喷1次吡虫啉防治蚜虫，避免种薯感染病毒。收获后马铃薯在库外放置1~2天，促进愈伤组织形成。入库时剔除病、虫薯，对块茎蛾重发区，用高效氯氟氰菊酯等对薯块喷雾，晾干后入库贮藏。库内保持干燥和低温（2~4℃）环境条件，以抑制病菌的生长和传播。

（六）加强统防统治

在马铃薯病虫害发生盛期，根据系统监测及田间调查结果，组织专业化防治队伍，开展统防统治，将病虫害重发流行风险降至最低。

第六章 经济作物病虫害绿色防控技术

第一节 大豆病虫害绿色防控

一、主要病虫害

（一）根腐病

根腐病主要发生于幼苗期，对成株危害减轻。病株根部及茎基部形成褐色椭圆形或长条形病斑，甚至扩展至侧根。后期根部变黑褐色，表皮腐烂。病株矮黄，下部叶片提早脱落。病株一般不枯死，但是结荚少，粒小。

（二）霜霉病

霜霉病主要为害幼苗或成株叶片、豆荚及豆粒。幼苗发病，从真叶或其他复叶叶片茎部开始沿叶脉出现大片褪绿斑块，以后全叶变黄枯死。天气潮湿时，病斑背面密生很厚的灰白色霉层。

（三）菌核病

大豆菌核病又称白腐病。幼苗期发病先在幼苗茎基部发病并向上扩展蔓延，病部呈深绿色湿腐状，有白色菌丝体，病势加剧幼苗倒伏、死亡。成株期一般在茎部或茎基部产生暗褐色不定形或条状病斑，扩大后可绕茎一周成一段段病斑，后呈苍白色以至枯死。潮湿条件下病部产生白色絮状菌丝体，其中杂有大小不等鼠粪状菌核。

(四) 花叶病

大豆花叶病是一种病毒病，病害症状比较多样，因病毒种类、大豆品种、侵染时期及环境条件而变。常见的是花叶皱缩、沿叶脉疱状斑、叶边下卷、顶枯、植株矮小、局部或系统性畸形或坏死。一旦感染大豆花叶病毒，新叶都会出现花叶（以此可以与除草剂引起的局部要害进行区分）。

(五) 食心虫

大豆食心虫属于鳞翅目害虫，该害虫分布广泛，基本在大豆种植区都有发生，主要以幼虫蛀食，咬破豆荚后，从分缝隙中钻入，为害豆粒，严重的情况下，能咬食一半左右的豆粒，大豆最终的产量和品质，都会降低。

(六) 蚜虫

大豆蚜虫是在大豆生长过程中比较常见的虫害之一，蚜虫不仅直接为害大豆，还传播一些病毒病，造成病害的大面积发生。一般情况下，蚜虫主要集中在大豆的顶叶、嫩叶、嫩茎上。蚜虫为害严重时，大豆叶片卷缩，到了结荚期，会导致结荚数减少，影响最终的产量和品质。

二、防控策略

坚持预防为主、综合防治的原则，以健康栽培为基础，综合应用生态调控、理化诱控、生物防治和科学用药等防控措施，实施病虫害全程综合防治，切实提高防治效果，降低病虫害导致的损失。

三、防控措施

(一) 播种期

选用耐抗病虫品种，合理密植。防治大豆根部病害，选择含有精甲·咯菌腈、苯醚甲环唑、嘧菌酯等成分的种衣剂进行种子处理。防治地下害虫以及叶甲、象甲、大豆蚜等苗期害虫，可选用含有噻虫嗪、吡虫啉、氯虫苯甲酰胺等成分的种衣剂进行种子处理。生物防治可用金龟子绿僵菌、球孢白僵菌颗粒剂随种肥沟施。

（二）苗期至分枝期

防治食叶类害虫可选用氯虫苯甲酰胺、甲氨基阿维菌素苯甲酸盐等喷雾；防治刺吸类害虫选用吡虫啉、高氯·吡虫啉等化学药剂或苦参碱、阿维菌素等生物农药喷雾，同时喷施氨寡糖·链蛋白等预防病毒病。大面积连片大豆田害虫防治可采用灯诱、性诱和食诱等绿色防控技术，集中诱杀金龟子和鳞翅目害虫成虫。

（三）开花至鼓粒期

开花后如遇多雨天气，及时喷施苯甲·嘧菌酯、吡唑醚菌酯等杀菌剂防治大豆叶斑类病害；选用咪鲜胺、氟唑菌酰羟胺和菌核净等药剂适时防控菌核病；田间蜗牛、蛞蝓类害虫发生为害时可撒施四聚乙醛颗粒剂防治。在大豆植株现蕾、开花期，改善田间通风透光条件，选用烯效唑等生长调节剂控旺。防控点蜂缘蝽可选用聚集信息素或喷施噻虫嗪、噻嗪酮等药剂，同时可兼治其他刺吸式害虫。大豆食心虫、豆荚螟成虫盛发期撒施食诱剂诱杀，产卵盛期释放赤眼蜂灭卵；初孵幼虫防治可选用苏云金杆菌、氯虫苯甲酰胺、高效氯氟氰菊酯等杀虫剂，老熟幼虫开始脱荚入土前，田间湿度较高时，可选用白僵菌粉剂均匀撒施于田间地表防治越冬幼虫。

（四）收获期

病残体及时离田处理，收获后秸秆粉碎还田，深翻耕耙降低病虫基数。

四、注意事项

①在病虫害发生初期优先选用生物、物理等非化学防治措施，注意保护利用自然天敌。

②大豆食叶害虫在营养生长期可适当放宽防治指标，减少化学农药施用量，注重开花、结荚、鼓粒期的防控。

③严格执行农药使用操作规程，遵守农药安全间隔期，注意合理轮换用药和交替使用。

④大豆登记用药品种有限，应根据农业部门指导科学选用药剂。

第二节 花生病虫害绿色防控

一、主要病虫害

（一）叶斑病

花生叶斑病是为害花生的常发性病害，病菌通过风和雨传播，遇到适宜的温度和水滴，侵入叶子内部，繁殖为害，在叶片上形成很多不规则的病斑，破坏绿色组织，影响光合作用，发病重的，叶片脱落，花生受害后一般减产10%～20%，甚至30%以上。

（二）花生青枯病

花生青枯病俗称死苗、发瘟、死棵子、青症等。一般开花前后开始发病，盛花和落叶期为发病盛期。病株初期通常先在主茎顶梢第二叶表现失水萎蔫，早晨延迟张开，午后提前闭合，白天呈现萎蔫，夜间尚可恢复，随病情加重不再恢复。

（三）花生根腐病

苗期根腐病会导致苗枯；成株期受害引致根腐、茎基腐和荚腐，病株地上部表现矮小、生长不良、叶片变黄，终致全株枯萎。

（四）花生锈病

花生叶片染病初期在叶片正面或背面出现针尖大小淡黄色病斑，后扩大为淡红色突起斑，表皮破裂露出红褐色粉末状物。下部叶片先发病，渐向上扩展。叶上很快变黄干枯，似火烧状。

（五）花生蚜虫

花生从幼苗到收获期间，都会受到蚜虫的为害，花生在开花期前后受蚜虫的为害最为严重。花生蚜虫多群集在心叶，为害叶片时分泌蜜露，产生黑色霉状物，严重时影响光合作用，降低粒重，并传播病毒病，使花生结荚很小、果粒瘪小，造成直接减产。

（六）地下害虫

花生地下害虫主要有蛴螬、金针虫、地老虎和蝼蛄，尤其是蛴螬暴发的年份，花生可减产 20%~30%。

二、防控策略

贯彻"预防为主，综合防治"的植保方针，优化田间生态系统，推广抗（耐）病虫品种、健康栽培、理化诱控、生物防治等技术措施，科学使用高效低风险农药，推进花生病虫害可持续治理，保障花生生产安全。

三、防控措施

（一）播种期

因地制宜与玉米等禾本科作物轮作，适时深耕。选用抗（耐）病虫品种，适时播种，合理密植。根据土传病害、地下害虫、刺吸性害虫的发生情况，选用咯菌腈、精甲·咯·嘧菌等杀菌剂和吡虫啉、噻虫嗪等杀虫剂合理混配进行种子处理，预防部分苗期病虫害。拌种时可加入芸苔素内酯、吲哚丁酸或糠氨基嘌呤等植物生长调节剂或氨基寡糖素等免疫诱抗剂，促进植株生长发育，增强抗逆抗病虫能力。播种时亦可结合白僵菌、绿僵菌沟施防治地下害虫。

（二）苗期

在茎腐病、根腐病、冠腐病等发病初期选用四霉素、噻呋·戊唑醇、噻呋·吡唑酯等杀菌剂喷施植株茎基部；当蚜虫、蓟马、叶螨等刺吸性害虫发生达到防治指标时，选用阿维菌素、溴氰菊酯等杀虫剂喷雾防治，同时可预防虫传病毒病；在蛴螬、金针虫、地老虎发生初期可选用高效氯氟氰菊酯、氟氯氰菊酯、甲维盐混配毒死蜱喷淋灌根。

（三）开花下针至饱果成熟期

注意合理排灌，保持适宜田间湿度；在褐斑病、黑斑病、网斑病、锈病等叶部病害发生初期选用枯草芽孢杆菌、多抗霉素等生物农药或选用唑醚·氟环唑、吡唑醚菌酯、苯甲·嘧菌酯等化学药剂喷雾防治；在白绢病、根腐病、茎腐病、果腐病发生初期选用枯草芽孢杆菌、噻呋酰胺、氟胺·嘧菌酯、噻呋·戊唑醇或氟酰胺等杀菌剂喷淋花生茎基部。

在棉铃虫、甜菜夜蛾、蛴螬、地老虎等具趋光、趋化性的成虫发生期，使用杀虫灯、性诱剂、食诱剂等诱杀成虫，干扰交配，降低虫源基数。

在食叶类害虫幼虫低龄低密度时，可选用苏云金杆菌、核型多角体病毒等生物制剂喷雾防治，应急防治可选用灭幼脲、氟虫脲或甲氨基阿维菌素苯甲酸盐、高氯·甲维盐、氯虫·高氯氟等杀虫剂喷雾；花生荚果期蛴螬、地老虎等地下害虫为害初期选用辛硫磷颗粒剂或噻虫嗪颗粒剂拌细沙顺垄撒施。

开花至结荚期对植株密、长势旺的花生田，合理使用烯效唑、调环酸钙或多唑·甲哌鎓等植物生长调节剂控旺，增强通透性，提高抗逆性，降低病虫发生风险。

开花后是多种病虫发生为害的高峰期和防治关键期，根据病虫发生的情况，选用合适的药剂防治，将杀菌剂、杀虫剂、植物生长调节剂和农药助剂等科学混配喷洒，防治多种病虫害，一喷多防，节本增效。

四、注意事项

①在病虫害发生初期优先选用生物、物理等非化学防治措施，注意保护利用自然天敌。

②使用性信息素诱杀宜大面积连片使用，且不能将不同害虫的诱芯置于同一诱捕器内。

③使用灯光诱杀应在害虫成虫羽化高峰期和夜间活跃时段使用，尽量减少对天敌和非靶标生物影响。

④严格执行农药使用操作规程，遵守农药安全间隔期，注意合理轮换用药和交替使用。

第三节　油菜病虫害绿色防控

一、主要病虫害

（一）油菜菌核病

此病主要为害茎秆，亦为害叶片、花和荚果。茎上病斑初为淡褐色，略凹陷，后变灰白色，湿度大时，病部变软腐烂，表面长出白色絮状物（病菌的菌丝体）。病菌皮层腐烂，主茎成了空心，内生有大型黑色的菌核，状如鼠粪，有时茎也长菌核。此病在油菜开花期开始发生，并一直至成熟期。

(二) 油菜霜霉病

此病在油菜的整个生长期都能发生，引致叶片枯死，花序肥肿畸形，此病可为害叶片、茎、花和荚果。其病害症状是在叶片正面初生淡黄色不明显的病斑，呈多角形，叶背病部上长出白色霜状霉。引发菜籽产量和质量下降。

(三) 油菜花叶病

油菜花叶病症状的特点是感病后，在嫩叶上产生明脉症状。全部或部分叶脉呈淡黄色（对光观看略透明），随后产生花叶症状（即黄绿与浓绿相间）。少数叶片带畸形，植株矮化，结实少不实粒增多。发病重的，全株皱缩畸形，茎上往往产生水渍状、褐色至黑褐色的枯死条斑，往往早枯死。

(四) 蚜虫

油菜蚜虫基本遍布了我国油菜的主要生产地。蚜虫在冬季较为干燥的环境条件下或缺乏有效浇灌和水分含量低的土壤中较为泛滥，这些地方发病也较为严重。油菜抽薹期和成熟期是蚜虫主要为害的时期，蚜虫会啃咬油菜组织中较为幼嫩的部分，对叶片造成损伤以外还会留下自身分泌物对植株正常生长造成极大的负面影响。更需要重视的是，蚜虫还常常是病毒病的传播者，造成极为严重的损失。

(五) 青虫

青虫是一类鳞翅目害虫的统称，如小菜蛾、菜青虫等。青虫的幼虫会啃食油菜，啃食程度随生长龄的不同也有所不同。2龄前的青虫只会在叶片范围内啃食，而3龄的青虫则会将整株油菜的叶片都啃咬完。所以，如果不能及时防治青虫，则会造成油菜的极大损失。与蚜虫类似，青虫的粪便也会对油菜的生长产生负面作用，威胁其生长健康。

二、防控策略

坚持"分区治理、预防为主、综合防治"的防控策略。综合运用农业、物理、生物、化学等各类防控措施,抓住防治关键时期施药防治,大力推广应用植保无人机等高效施药器械进行统防统治。

三、防控措施

(一)油菜播种期

一是选种优良品种。因地制宜选种耐密、高产、抗倒、抗(耐)病的优质高效的油菜品种。根肿病重发区可选种华油杂62R、华油杂5R、华油杂115R、圣光165R、中油893、中油827等抗(耐)性品种。

二是实行轮作。条件适宜地区建议广泛实行水旱轮作,或与大麦、小麦等禾本科作物轮作,有效减少田间菌核数量,同时降低根肿病、霜霉病等病原的菌源量以及鳞翅目、鞘翅目害虫的虫源基数,减轻油菜病虫害的发生程度。

三是土壤处理。菌核病常发区结合深翻播种和科学施肥,选用盾壳霉、木霉菌以及枯草芽孢杆菌等生物菌剂对土壤进行处理,可加速腐烂土壤中菌核,减少田间菌核数量。根肿病常发区可使用石灰氮(氰氨化钙)提高土壤 pH 值。对于育苗移栽油菜,应采取苗床消毒措施,移栽后选用氰霜唑、氟啶胺等药剂浇苗定根。直播田处理药剂参照其他十字花科根肿病防治药剂,也可选用含枯草芽孢杆菌、哈茨木霉菌等生物菌肥进行土壤处理。

四是种子处理。对于直播油菜,针对防控对象选用合适的种衣剂对油菜种子进行包衣或拌种,减轻苗期病虫为害程度,如多黏芽孢杆菌、枯草芽孢杆菌、噻虫嗪等。

五是加强田间管理。要深耕深翻，清洁田园，铲除田地周边杂草，清除残株败叶；合理密植，深沟高畦栽培，清沟排渍；科学施肥，增强抗（耐）病能力和抗逆性。根肿病常发区，育苗移栽田块应确保无病苗移栽；可适当推迟冬油菜播种期，避开易感染环境。

(二) 油菜苗期

长江流域冬油菜区冬季至早春重点防治蚜虫和霜霉病，压低发生基数。其中，蚜虫以西南、长江上中游地区为重点，对百株蚜量达到500头的田块进行及时防治，药剂可选用金龟子绿僵菌或溴氰菊酯、噻虫嗪等药剂喷雾；霜霉病病株率达20%的田块，可选用代森锌可湿性粉剂、乙蒜素乳油等喷雾；根肿病发生严重的田块，可喷施生根剂、免疫诱抗剂等，提高植株抗逆性。跳甲、猿叶甲发生区可喷施辛硫磷等药剂进行兼治。青海春油菜种植区可采用高效氯氰菊酯、噻虫嗪、溴氰菊酯、鱼藤酮、印楝素等喷雾，结合黄板诱杀，重点防控跳甲、茎象甲。

(三) 油菜蕾薹期

长江流域冬油菜区重点防治蚜虫、预防病毒病，兼治菌核病、霜霉病等，关口前移，压低花角期病虫发生基数。可用金龟子绿僵菌或溴氰菊酯、噻虫嗪等喷雾控制蚜虫为害，预防病毒病发生流行。菌核病以四川、湖北南部、湖南南部、江西南部、安徽南部等地为重点，田间明显可见茎基部感染时应及时进行防治，药剂可选用氟唑菌酰羟胺、腐霉利、咪鲜胺等，药液要能喷施到植株茎基部。霜霉病重发田块可添加代森锌、乙蒜素等兼治。

(四) 油菜花期

长江流域冬油菜区重点防治菌核病，兼治白粉病等病害。菌核病重发区全面落实油菜开花始盛期（油菜主茎开花率达80%

左右、一次分枝开花株率50%左右)的药剂预防，如遇连阴雨、花期持续时间长等适宜病害发生流行天气，盛花期须进行第二次药剂预防。药剂可选用氟唑菌酰羟胺、啶酰菌胺、腐霉利、咪鲜胺、异菌脲、菌核净、多菌灵、甲基硫菌灵等药剂，以及盾壳霉或芽孢杆菌等生物菌剂，配药时可向药液中添加具有增效作用的磷酸二氢钾、速效硼等，以达到"一促四防"的效果。

(五) 油菜角果期

长江流域冬油菜区重点挑治蚜虫、白粉病。当田间有蚜枝率达到10%以上时，可用金龟子绿僵菌、噻虫嗪、溴氰菊酯等喷雾防治；当田间白粉病发病株率达到20%，且天气条件适宜时，可喷施氟唑菌酰羟胺、多菌灵等进行兼治（查十字花科和油菜白粉病防治药剂）。青海春油菜区重点防控油菜角野螟，可采用杀虫灯诱杀等物理防治措施，或阿维菌素乳油喷雾防治。

四、注意事项

①注意保护蜜蜂。吡虫啉、噻虫嗪等新烟碱类药剂对蜜蜂毒性高，油菜花期施药时要停用此类药剂，以防影响蜜蜂采蜜安全。

②注意抗性治理。菌核病、霜霉病等病菌对苯并咪唑类药剂产生抗药性的地区要停用多菌灵、甲基硫菌灵，改用其他药剂，加强抗性治理，提高防治效果。

③注意科学用药。各类农药要严格按照规定剂量和浓度科学施用，注重轮换用药，避免产生抗性，保障油菜生产安全和质量安全。

第四节 棉花病虫害绿色防控

一、主要病虫害

(一) 棉花立枯病

又叫黑根病、烂根病，发生在棉苗时期，阴雨天气利于发生，幼茎基出现黄褐斑，扩大后凹陷腐烂，收缩变黑，直至苗枯死。子叶受害出现黄褐斑，脱落穿孔。带菌土壤是本病发生主要原因，低温多菌易造成发病严重。

(二) 棉炭疽病

是棉花苗期和铃期重要病害。苗期棉苗出现紫褐色条斑，边红褐色，严重时苗失水枯死；子叶受害出现灰褐色半圆或圆形病斑。棉铃受害出现黑褐色凹陷病斑，上有排列成同心圆形的黑色小颗粒；天气潮湿时，病苗基部和病铃上可见橘红色分生孢子团。

(三) 棉疫病

在苗期、铃期，多菌高温时期易于发生。棉苗感病初呈红黄色条斑，然后围绕茎基和根部，中后期病部色较淡，叶部病斑边缘开始呈黑绿色水渍状，严重时侵至棉苗顶部变黑死亡；棉铃感染，多在青铃基部，铃尖部开始先有水渍状深色小点，扩展后全铃成青褐色至黑色，油光状，上面可生一层霜霉状物，造成棉铃腐烂、僵瓣。

(四) 棉蚜

刺吸式口器害虫，近几年抗性加强。主要为害叶片与嫩头，在叶片下面造成受害叶片向背面卷缩，且易诱发霉菌。棉株受害后株矮小，叶片减少，影响生长现蕾推迟等。有苗蚜、伏蚜两个阶段。苗蚜适宜偏低的温度，气温超过27℃时，繁殖受抑；此时施药主要加入抗低温成分；伏蚜适宜偏高温度，在7—8月27~28℃大量发生，时晴时雨的天气利于伏蚜虫口增大。

（五）盲蝽类害虫

由于抗虫棉的推广，盲蝽类害虫将成为近年棉花害虫主要防治对象。棉盲蝽以成虫、若虫的刺吸式口器吸取嫩头、嫩叶、花蕾、幼铃的汁液，侵害部位带有黑点，叶片略显皱缩，受害后易形成无头苗或多头苗。幼苗被害由黄变黑，干枯脱落，棉花大幅度减产。

（六）棉铃虫

棉铃虫卵一般产在嫩芽、棉心顶部。幼虫取食嫩叶，叶展开后呈畸形，并有许多小穿孔。被害苞叶有蛀孔，蛀孔处有虫粪，被害苞叶张开脱落。大龄幼虫（三、四代幼虫）大多从青铃基部蛀入为害，蛀孔处有虫粪，虫体半露；被害蛀铃遇雨霉烂脱落。此虫以蛹越冬，一年发生2~6代，高温干旱易于发生

（七）棉叶螨

棉叶螨以成、若螨在棉叶背面吸食棉株营养，叶片受害后，初期出现黄白色斑点，后出现红褐色斑块，随后棉叶卷曲脱落，甚至光秆，造成棉株矮小生长受阻，棉铃明显减少。高温干旱利于其发生，小雨对其扩散有利。棉花与油料作物（甜菜、油菜等）套种也会加重其危害。

（八）棉花小地老虎

小地老虎主要为害棉花、花生、大姜、大豆、韭菜、辣椒、茄子、芦笋、番茄等。幼虫黄褐色或暗褐色，体表粗糙；低龄幼虫取食嫩茎、嫩叶，高龄幼虫昼伏夜出，咬断幼苗根茎拖入地下取食。

二、防控策略

做好播前和苗期预防、蕾铃期控害。优先采用抗（耐）性品种、种子处理、生态调控、农艺措施、生物防治等技术，充分发挥棉花的自身补偿能力和利用自然天敌持续控害能力；优先选用生物源和环境友好型农药，推行达标用药、精准用药，实现控害保铃保产。推进绿色防控和专业化统防统治，提高防治效益，减少化学农药用量。

三、防控措施

（一）预防控制技术

1. 选用抗（耐）病虫品种

因地制宜选用抗枯萎病、耐黄萎病品种，黄河流域和长江流域棉区选用抗虫棉兼抗（耐）病性较好的优质高产品种。

2. 种子处理

针对苗期主要病虫种类，选用适宜的杀虫剂、杀菌剂、植物生长调节剂进行种子再包衣。杀虫剂可选用吡虫啉或噻虫嗪种子处理剂，杀菌剂可选用枯草芽孢杆菌、氨基寡糖素、苯醚甲环唑、咯菌腈、吡唑醚菌酯等，植物生长调节剂可选用芸苔素内酯、赤·吲乙·芸苔等。

3. 生态调控和生物多样性利用

西北内陆棉区在棉田周边、田埂种植早熟芥菜型油菜、红花诱集带，或在田边和林带下种植苜蓿等植物，其他棉区，可在田边或条带种植蛇床子、波斯菊、百日菊等显花植物，引诱、涵养天敌，增强天敌对棉蚜、棉铃虫、棉叶螨和棉盲蝽的控制能力。棉铃虫常发区棉花套种玉米、茼麻条带，可诱集棉铃虫成虫产卵，集中杀灭。

4. 天敌保护和利用

一是保护利用自然天敌。棉花生长前期注重保护利用棉田自然天敌，小麦、油菜收获后，秸秆在田间放置 2~3 天，促进瓢虫、草蛉等天敌向棉田转移。苗蚜发生期，当棉田天敌单位（以 1 头七星瓢虫、2 头蜘蛛、2 头蚜狮、4 头食蚜蝇、120 头蚜茧蜂为 1 个天敌单位）与蚜虫种群数量比，黄河流域棉区高于 1∶120、长江流域棉区高于 1∶320、西北内陆棉区高于 1∶150 时，不施药防治，充分发挥天敌控害作用。长江流域棉区棉花苗期至蕾期一般年份不施用化学农药防治苗蚜。有条件的地区，可在棉田放置天敌引诱剂。

二是人工释放赤眼蜂。棉铃虫成虫始盛期人工释放卵寄生蜂螟黄赤眼蜂或松毛虫赤眼蜂，每代放蜂 2~3 次，间隔 3~5 天，每次放蜂 10 000 头/亩，降低棉铃虫幼虫量。

5. 昆虫信息素诱控

棉铃虫越冬代成虫始见期至末代成虫末期，棉田和周边寄主作物田连片使用棉铃虫性诱剂，一是群集诱杀，每亩设置 1 个挥散芯和干式飞蛾诱捕器。二是交配干扰，每 3 亩设置 1 套高剂量性信息素智能喷施装置，傍晚至日出定时喷施性信息素。长江流域棉区斜纹夜蛾常发区，连片使用斜纹夜蛾性诱剂，每亩 1 个挥散芯和夜蛾型诱捕器，群集诱杀成虫，降低田间落卵量。连片施用生物食诱剂，于夜蛾科害虫（棉铃虫、地老虎、甜菜夜蛾等）主害代羽化前 1~2 天，以条带方式滴洒，每隔 50~80 米于 1 行棉株顶部叶面均匀施药，可诱杀成虫。

6. 农艺措施

清洁田园，棉花收获后及时清除棉秆和病虫残体。秋季深翻，有条件的棉区秋冬灌水保墒，压低病虫越冬基数。清除田边杂草，中耕除草，减少害虫的转移为害。及时打顶并带出田外集中处理。西北棉区合理布局棉田，提倡棉花与禾本科作物轮作，避免棉花与大面积的春玉米、加工番茄、十字花科作物邻作，并远离枣园、集中连片的温室大棚，减少棉铃虫、棉盲蝽、烟粉虱转移为害。

（二）合理用药技术

1. 棉蚜

当益害比低于防治指标时，黄河流域棉区和西北内陆棉区苗蚜 3 片真叶前卷叶株率达 5%~10% 时，或 4 片真叶后卷叶株率 10%~20% 时，进行药剂点片挑治。伏蚜单株上中下 3 叶蚜量平均 200~300 头时，全田防治。选用印楝素、氟啶虫胺腈、氟啶虫酰胺·烯啶虫胺、双丙环虫酯、吡蚜酮等药剂交替使用。

2. 棉叶螨

点片发生时或有螨株率低于 15% 时挑治中心株，有螨株率超过 15% 时全田防治。药剂选用乙螨唑、阿维菌素等杀螨剂。

3. 蓟马

苗期和蕾期以烟蓟马为主，主要通过噻虫嗪、吡虫啉等种子包衣防治。花铃期以花蓟马为主，可选用金龟子绿僵菌、噻虫嗪等喷雾防治。

4. 棉铃虫

优先选用棉铃虫核型多角体病毒、甘蓝夜蛾核型多角体病毒、短稳杆菌、苏云金杆菌、印楝素、多杀霉素等生物农药，化学农药选用虱螨脲、茚虫威、氟铃脲、氟啶脲等。

5. 棉盲蝽

以保蕾保顶尖为重点，达标用药。防治指标：西北内陆棉区以牧草盲蝽为主，百株虫量蕾期 12 头、花期 20 头、铃期 40 头；黄河流域棉区以三点盲蝽、绿盲蝽为主，百株虫量蕾期 5 头、花铃期 10 头；长江流域棉区以绿盲蝽、中黑盲蝽为主，新被害率

3%或百株虫量5头。由田边向内施药,药剂选用金龟子绿僵菌、啶虫脒、噻虫嗪、氟啶虫胺腈等。

6. 苗病

以种子包衣预防为主,选用咯菌腈、精甲霜灵、嘧菌酯拌种。发病初期尤其是遇低温阴雨天气时及时用药剂防治,选用枯草芽孢杆菌、多抗霉素、噁霉灵等喷施。

7. 铃病

发病前或初见病时,以花蕾和幼铃为重点喷药预防,或花铃期雨前预防、雨后及时喷药控制,药剂可选用三乙膦酸铝、多抗霉素等。

8. 黄萎病和枯萎病

选用枯草芽孢杆菌种子包衣。苗期至蕾期发病前或发病初期,选用枯草芽孢杆菌、氨基寡糖素、乙蒜素等喷施或随水滴施。

四、注意事项

①优先选用生物农药,注意保护和利用自然天敌。

②合理轮换、交替使用不同作用机理药剂,避免一季多次使用同一药剂。

③严格遵守农药使用操作规程,执行农药安全间隔期。

第五节　茶树病虫害绿色防控

一、主要病虫害

(一) 茶炭疽病

主要为害成叶和老叶。病斑多起自叶缘或叶尖,病斑上生有许多细小、黑色突起粒点，无轮纹。其发病通常在多雨年份，同时，偏施氮肥的茶园中也易发生。

（二）茶毛虫

幼虫3龄前群集，成虫有趋光性。低龄幼虫多栖息在茶树中下部成叶背面，取食下表皮及叶肉，2龄后食成孔洞或缺刻，4龄后进入暴食期，严重发生时也可使成片茶园光秃。

（三）茶尺蠖

又称拱拱虫，它以幼虫取食茶树叶片，低龄幼虫为害后形成枯斑或缺刻，3龄后取食全叶，大发生时可使成片茶园光秃。

（四）小绿叶蝉

又称叶跳虫，它以针状口器刺入茶树嫩梢及叶脉，吸取汁液，造成芽叶失水萎缩、枯焦，严重影响茶叶产量和品质。

（五）茶瘿螨

又称茶刺叶瘿螨，吸取茶树汁液，使受害芽叶失去光泽，叶脉发红，叶片向上卷萎缩，严重时造成芽叶干枯，叶背并有褐色锈斑，影响茶叶产量和质量。

二、防控策略

坚持因地制宜、分区治理，采取以生态调控为基础、理化诱控和生物防治为重点、科学合理用药相辅助的茶树病虫害绿色防控策略。优先采用健康栽培、免疫诱抗、性信息素诱捕、灯光诱杀、色板诱集和生物农药以及保护和利用天敌等绿色防控技术，科学、安全使用高效、低毒、低残留农药，推进统防统治与绿色防控结合，保障茶叶质量安全和茶园生态环境安全。

三、防控措施

（一）茶炭疽病

新建茶园选种抗性的健壮种苗。平衡施肥以增强茶树抗病能力，及时剪除病枝，适时采摘。秋末用石硫合剂封园。发病较重茶园在发病初期喷施苯醚甲环唑、啶氧菌酯、吡唑醚菌酯等药剂2~3次，喷药间隔7~10天。

（二）茶毛虫

利用茶毛虫幼虫群集的习性，进行人工捕杀。在常发茶园安装诱虫灯，羽化高峰期开灯诱杀成虫；在茶毛虫成虫羽化期，放置性信息素诱捕器诱捕雄虫。防治适期掌握在低龄幼虫期。药剂防治可选用：茶毛虫病毒制剂、苏云金杆菌、短稳杆菌、苦参碱、高效氯氰菊酯、联苯菊酯、甲维·虫螨腈等。

（三）茶尺蠖

结合茶园秋季中耕施肥，翻耕土壤，降低土中越冬虫蛹的成活率。在灰茶尺蠖（茶尺蠖）常发茶园安装诱虫灯，羽化高峰期开灯诱杀成虫；在灰茶尺蠖（茶尺蠖）成虫羽化期，放置性信息素诱捕器诱杀雄虫。保护和利用茶尺蠖绒茧蜂、单白绵绒茧蜂、蜘蛛类等重要天敌。防治适期宜掌握在第1、第2代或第5、第6代的低龄幼虫期。防治药剂可选用：甘蓝夜蛾核型多角体病毒、茶尺蠖病毒制剂、茶核·苏云金、短稳杆菌、苦参碱、高效氯氰菊酯、联苯菊酯、甲维·虫螨腈等。

（四）小绿叶蝉

维护茶园周边自然植被，间作显花草本和木本植物，秋冬季在园边适度自然留草，为蜘蛛类、寄生蜂类天敌提供庇护场所，增强生态控制潜能。生产季节，适时分批勤采，清除茶行间杂草，控制虫口基数。春茶结束修剪后，每亩悬挂25张诱虫板，可显著降低叶蝉第一峰虫口数量。防治药剂可选用印楝素、藜芦胺、茶皂素、茚虫威、虫螨腈、唑虫酰胺、联苯菊酯等。

（五）茶瘿螨

适时分批勤采，带走部分成螨、卵、若螨。秋末用石硫合剂或矿物油封园。害螨发生高峰，可选用矿物油、虫螨腈等药剂进行防治。

四、注意事项

①选用在我国茶园登记使用的农药品种，生产出口茶叶的茶园应同时遵循产品输入国的要求慎重选择农药品种。

②农药具体使用浓度、使用方法及安全间隔期等须仔细阅读产品标签和说明书。

第七章 果树病虫害绿色防控技术

第一节 苹果病虫害绿色防控

一、主要病虫害

(一) 花叶病

该病主要为害叶片,而且会形成鲜黄色病斑,后期变为大型褪绿斑,并形成黄色网纹,叶脉之间多小黄斑,而大型褪绿斑区较少。此外,有些株系产生线纹或环斑症状。

(二) 锈病

该病主要为害叶片、新梢、果实,发病后,会出现橙黄色小圆点,后扩展颜色加深,并会溢出透明液滴,叶背面会长出黄褐色丛毛状物,果实发病,会出现橙黄色圆斑,后变褐色。

(三) 轮纹病

该病发生后,会以皮孔为中心形成暗褐色病斑,后期稍隆起呈疣状,圆形,边缘开裂翘起,变为青灰色,果实受害后,会在中心出现浅褐色的圆形斑,其外缘有明显的淡色水渍圈,后期果实腐烂,并会渗出褐色黏液。

(四) 褐腐病

为害果实后,会出现软腐状浅褐色小斑,后期果实腐烂,病果变成海绵状，并长出白色霉菌，也有少量失水干缩成僵果残留于树上。储藏期，病果上会出现蓝黑色病斑。

（五）蚜虫类

苹果绵蚜、黄蚜、瘤蚜等成虫及若虫群集芽叶和果实上刺吸汁液，至受害幼叶现红斑，叶缘向背面卷缩，变黑褐干枯，幼果被害时果面出现红色凹斑，严重的会畸形。

（六）山楂叶螨

山楂叶螨成虫及若虫刺吸芽叶、果汁液，叶受害呈失绿小斑点，渐扩大连片，严重时全叶片苍白枯焦早落，常造成二次发芽、开花，削弱树势，不仅当年果实不能正常成熟，还影响花芽形成和下年产量。

（七）桃小食心虫

幼虫由果实胸部蛀入，蛀孔流出泪状果胶，俗称"淌眼泪"。不久后，果胶干涸呈白色蜡质状粉末，蛀孔合成一小黑点凹陷。幼虫入果常直达果心，并在果肉中乱窜，排粪于隧道中，俗称"豆沙馅"。没有充分膨大的幼果，受害多呈畸形，俗称"猴头果"。

二、防控策略

贯彻"预防为主，综合防治"的植保方针，立足全生育期病虫害绿色防控。以果园整治、农艺措施为基础，秋季和早春及时清除园内病虫残体，降低病虫基数；在病虫害防治关键期，合理使用性诱、食诱等理化诱控技术，控制种群数量；优先使用无机农药、生物农药，科学使用低毒化学农药，高效控制病虫害发生，降低农药残留，达到控害保安全的目标。

三、防控措施

(一) 农业防治技术

1. 清洁果园

在秋冬季节,把粗老翘皮彻底刮除,以清理干净越冬虫卵与病菌。集中深埋或焚烧刮下的树皮,果园喷洒 3~5 波美度石硫合剂,将残存在表面的虫卵与病菌消灭。秋冬季果树落叶后,结合施基肥,针对存在于果园内的杂草、落叶以及枯枝等做集中处理。早春或初冬开展耕翻工作,将越冬病虫彻底消灭。借助清洁果园,可以使苹果早期花腐病、落叶病、尺蠖、金龟子、苹掌舟蛾、梨花网蝽、潜叶蛾、黑星麦蛾等越冬病虫源得到有效控制。

2. 清除病虫枝

第一时间清除苹果树上还没有掉落的病虫为害枝叶,防止残留的病虫对树体造成为害,针对修剪后的枝干,应在剪锯口涂抹果树伤口愈合剂。除此之外,夏秋季剪除适量的稠密枝条,确保果树间通风透光条件良好,这对高效防治卷叶蛾、叶螨、落叶病等病虫害十分有利。

3. 地膜覆盖,树干涂白

春季在果园中盖上一层黑地膜,做好除草工作,可防止越冬害虫发生羽化或是向树上迁移,促使虫口密度降低。冬天对树干进行涂白,以免发生冻害和日灼,可使腐烂病得到有效防治,以及防止晚霜冻害。

4. 土壤施肥

在果树正常生长中,需要开展施肥工作,以便为果树提供充足的营养成分,增强其抗病害能力。9—10月可以施加腐熟有机肥。通常而言,每亩果园需要施加不少于3吨的肥料才能有效满足果树生长所需,以增强对病虫害的抗性。

(二) 物理措施

1. 杀虫灯诱杀

这种杀虫方式是借助光、色等诱集害虫，借助高压电网杀死害虫。需要在整个果园中设置杀虫灯，间隔 100 米左右，悬挂高度约 2 米。在虫害发生期间，开、关灯时间分别为 18:00、8:00。每周都要将杀虫灯擦拭干净，清理灯管和灯箱。由相关调查可知，杀虫灯可以诱杀的害虫有 50 多种，其成本不高。在安装杀虫灯时，必须成片安装，将整个苹果园覆盖，才可以发挥良好的虫害防治效果。

2. 糖醋液诱杀害虫

在苹果开花期，在园内放置糖醋液诱杀盆可对部分害虫进行诱杀，如食花金龟甲等，一般选在 17:00 左右放置。

3. 黄板诱杀

通常来说，在 4 月下旬应利用黄板诱杀害虫，在果园中悬挂黄板，主要悬挂在树冠外部，离地面 1.5 米左右，可以有效诱杀蚜虫等害虫。

4. 树干捆绑诱虫带

可以借助树干捆绑诱虫带的方式将有害螨虫有效杀灭，通常会在第一分叉下 10~20 厘米处捆绑诱虫带，同时缠绕树干一周，可以将害虫引诱到诱虫带之中，以便于集中杀虫。

(三) 生物防治

1. 性诱杀技术

借助雄性成虫对性信息素的趋性，使园内雌雄成虫的交配率降低，同时对成虫进行诱杀。在桃小食心虫、金纹细蛾、卷叶蛾等虫害严重的果园，于 4—9 月安装相应性诱捕器。在离地面 1.2 米处的树冠外中部悬挂诱捕器，诱捕器之间保持 15 米的距离，通常每公顷安装 45~75 个，或借助性迷向技术对害虫交配产卵进行干扰，按照产品使用说明使用，如借助苹果蠹蛾性激素对苹果蠹蛾进行防控。

2. 合理使用生物农药

防治叶螨、蚜虫、金纹细蛾等害虫，可使用阿维菌素。在果实萌芽至开花前，喷洒多抗霉素，可使落叶斑点病得到有效防治。氨基寡糖素可增强树体抗病性，苦参碱等植物提取物可对白粉虱、蚜虫、叶螨和夜蛾类害虫进行有效防治，枯草芽孢杆菌、苏云金杆菌也可有效防治害虫。

3. 保护和利用天敌

害虫天敌可以长时间有效防控害虫，昆虫微生物和寄生性、捕食性天敌均属于有益生物的范畴，如食蚜瓢虫、捕食螨、食蚜蝇、草蛉等。在利用天敌的过程中，还要注意保护天敌，比如使用农药时可选择局部用药的方法，以减小对其的影响；又或是在耕作时注意保护其栖息场所，最大化发挥出天敌在苹果病虫害防控中的作用。此方法既不会危害人畜植物，同时害虫不容易产生抗性，可以获得良好的防治效果。

（四）药剂防控技术

苹果病虫害可以借助药剂进行绿色防控，但应与当地的病虫害严重程度以及当地的气候环境相结合，确定药剂的使用。在实际管理中，需要结合实际情况控制药剂喷雾的浓度与用量，不仅要使药剂防控效果得到保证，同时用药量不能过大，以免影响果树和果实的生长。

1. 萌芽至开花前

就越冬病虫害来说，应在萌芽期喷洒石硫合剂，1次即可；或开花前使用生物药剂，结合症状选择使用一种对蜜蜂影响最小且残留时间不长的治疗性杀菌剂，以及具有较强渗透性和触杀性的杀虫剂，混合后进行叶面喷雾，将病虫基数压低。果树开花前半个月，禁止使用对蜜蜂影响极大的甲氰菊酯、氯氟氰菊酯、阿维菌素、氟硅唑等药剂。对腐烂病病斑进行刮治时，应刮干净病部的坏死组织以及附近的健皮组织，深入木质部，连续切割为菱形，刮后第一时间在病处涂抹噻霉酮膏剂或甲基硫菌灵糊剂，促使病斑快速愈合。第一时间桥接复壮超过树干 1/4 的大病斑。

2. 落花后坐果期

此阶段是全年防治卷叶虫类、蚜虫类、螨类、早期落叶病、炭疽病、轮纹病等的重要时期。异菌脲和多抗霉素等药剂为最佳保护和治疗药剂。使用一种保护性杀菌剂和兼治各生育期虫害的杀螨剂，并组合药剂，喷洒叶面。针对安装了性诱捕器防治鳞翅目害虫的果园，可以选择防治蚜虫和叶螨的专用药剂，如联苯菊酯等。与此同时，在修剪时可以将疏果和摘除虫苞相结合，加强管理，促进树势增强。

3. 套袋前

在套袋之前，需要切实做好虫害预防工作，其中主要包括苹果蚜虫、粉蚧、蜘蛛等虫害的预防。套袋前需要在晴天喷药，在选择防治虫害试剂时，通常选择代森锰锌、咪鲜胺、糖醇钙溶液、螺螨酯、吡虫啉等。

4. 果实膨大期至采收前

在园内喷洒波尔多液，时间选在 6—7 月。老果园在这一阶段，要注意在树干上涂抹药剂，预防腐烂病。将主枝和主干粗皮刮除后，涂抹 1.8% 辛菌胺醋酸盐水剂 50~100 倍液或 45% 代森铵水剂 50 倍液。7—8 月，喷洒免疫诱抗剂、杀虫剂和优质杀菌剂 1 次，或喷施植物生长剂，以此使早期虫害以及落叶病得到有效控制。除此之外，还需刮除当年感染的新发小病斑表面的溃疡，并将 20% 丁香菌酯悬浮剂 100~150 倍液涂在病斑上，以免冬季进一步加重感染。

5. 果实采收后至休眠期

果实采收后约 1 周，使用杀菌范围广、杀虫效果持久的药剂组合喷洒苹果树，可以有效减少越冬期病虫数量。秋末冬初，可以在果园中进行调查，轻刮新发的腐烂病病斑，同时用甲基硫菌灵糊剂原液和噻霉酮 50 倍液等涂抹在病斑处，防止病原菌侵染范围扩大。

第二节　梨病虫害绿色防控

一、主要病虫害

（一）梨锈病

锈病主要为害叶片，也可为害果实、叶柄、果柄、嫩枝等幼嫩组织。发病后的主要症状特点是：病部橙黄色，肥厚肿胀，先产生黄点，渐变黑色，后期长出细长的黄白色毛状物。

叶片受害，先在叶正面产生有光泽的橙黄色斑点，微隆起，逐渐扩大后呈近圆形橙黄色的肥厚病斑，外围有一黄绿色晕圈，随后病斑表面密生许多橙黄色小点；天气潮湿时，黄色小点上溢出橘黄色黏液，黏液干后小点渐变为黑色。同时，病组织增生肥厚明显，叶背面隆起，并逐渐从隆起上产生许多初期灰黄色渐变灰褐色的毛管状物。病斑多时，常造成叶片扭曲、畸形，甚至枯死脱落。叶柄受害，与叶片相似，只是病斑呈纺锤形肿起，后期毛状物在小黑点周围产生。

果实发病，症状特点与叶片上类似，只是后期在病斑周围丛生灰白色毛管状物，病果多畸形早落。果柄、嫩枝受害，症状表现与叶柄相同。

（二）梨黑星病

梨黑星病是一类真菌性病害，在全国梨产区普遍发生，主要为害果实、果梗、叶片、嫩梢、叶柄、芽和花等部位。所有发病组织上的黑色霉层都是病原体的菌丝体、分生孢梗和分生孢子，这是当年初侵染和多次再侵染的基础。叶片发病严重，可导致提前落叶，引起树势衰弱；果实发病则完全失去商品价，新梢发病可造成新梢死亡。

(三) 梨轮纹病

轮纹病也称粗皮病，主要为害枝干，也为害果实和叶片，是一种真菌性病害。一般7—9月为发病高峰期，叶片5月开始发病，枝梢于8月中旬发病。近年由于苗木调运频繁，使梨轮纹病呈扩散趋势。果实多在近成熟期、储藏期发病，果实受害以皮孔为中心发生水渍状褐色斑点，后逐渐扩大呈黄褐色圆形斑，且产生黑色小粒点，斑面有清晰的同心轮纹，常溢出茶褐色黏液，几天内全果腐烂，有酸臭气味，烂果失水后变成黑色僵果。叶片发病产生近圆形或不规则褐色病斑，有轮纹，后变成灰白色，有时也在病部产生黑色小粒点。

(四) 梨瘿蚊

梨瘿蚊以幼虫为害嫩芽叶，随芽叶生长使叶卷成苞，在叶正面刺吸汁液，受害严重的叶片纵卷，变褐干枯，提早脱落，同时分泌刺激性物质使叶肉组织肿胀、畸形，不能展开，从而影响梨树正常生长。

(五) 梨小食心虫

梨小食心虫简称"梨小"，主要以幼虫蛀食果实进行为害，在梨、桃、苹果、杏、枣、山楂等果树上均有发生，桃树上还可蛀食桃梢。幼虫为害果实多从萼洼、梗洼和果与果及叶果相贴处蛀入，蛀果孔很小，周围微凹陷。早期被害果蛀孔外有虫粪排出，晚期被害果外多无虫粪。后期幼虫直达果心，在心室内留有虫粪。高湿环境下蛀孔周围常变黑腐烂并逐渐扩大，俗称"黑膏药"。

(六）梨木虱

吸食梨树的树叶、芽及鲜嫩树梢汁液，导致树叶枯萎，严重时全叶枯竭造成早期落叶。以成虫态在土缝、杂草丛、树皮缝等处越冬，全年发生4~5代，梨树花芽膨大时越冬成虫开始活动。

二、防控策略

针对梨树各生育期的主要病虫，采取"预防为主，综合防治"措施，综合集成农业、物理、生物、化学防治等主要防控手段。冬季以农业措施为主，做好清园工作，减少病虫基数；花后利用生态调控和自然天敌控害作用，增强果园的持续和安全控害能力；药剂防治实行达标用药，优先选用高效、低毒、环境友好型药剂，合理、精准用药。

三、防控措施

（一）农业防治

1. 清洁田园

加强田间管理，及时将田间落叶、残枝、僵果、落果清理出园外集中处理，减少侵染病原。摘除虫害枝叶，降低为害虫源。清理沟系保证果园排水通畅、避免积水。结合修剪和疏果，保持果园通风透光。2月下旬，检查梨园，刮除梨树主干轮纹病、干腐病病斑，并涂抹保护性杀菌剂。3月上旬梨树发芽前喷3~5波美度石硫合剂，压低梨小食心虫、红蜘蛛、轮纹病等病虫害基数。

2. 深翻土壤

采收后至土壤封冻前，结合施肥，将树冠下深翻20~30厘米，结合灌水，改良土壤环境，破坏土壤中病虫越冬场所。

3. 树干涂白

秋冬季，配制涂白剂对树干涂白，预防冻害，增强树势，同时可消灭树干翘皮缝隙中的越冬病虫;也可在树干基部包裹秸秆保温防冻,春季集中回收至园外焚毁,杀灭越冬害虫。

(二) 理化诱控

1. 性诱防治

梨小食心虫:3月中旬至4月初越冬代成虫羽化出土前,在树冠的上1/3处的树枝上悬挂240毫克/条梨小食心虫性迷向缓释剂,持效期可达4~6个月,推荐使用密度为33条/亩。

2. 杀虫灯诱杀

4月底至10月底,成虫高峰期每日傍晚开灯、清晨关闭,20~30亩安装1盏(20瓦)。

3. 糖醋液诱杀

梨小食心虫、苹小卷叶蛾等鳞翅目害虫对糖醋酒液有一定趋性,可每亩设置2~4个糖醋酒液诱捕器诱杀成虫,离地面1.5米左右。

4. 黄板诱蚜

利用蚜虫对黄色趋性,在春季蚜虫发生盛期悬挂黄板,可诱杀蚜虫,每亩悬挂20~30块。

5. 铺设地膜

3月初至7月停梢期间可在梨园地面铺设地膜,降低地表温度,同时防止梨瘿蚊老熟幼虫雨后脱叶入土化蛹,降低虫口基数。铺设前需先进行果园除草。

(三) 生物防治

1. 保护利用天敌

行间栽白三叶、苜蓿草,播种量约2千克/亩,可减少果园水分蒸发,降低地表温度,同时为天敌昆虫栖息繁殖提供庇护场所。

2. 生物药剂

梨小食心虫成虫高峰期后4~6天内使用苏云金杆菌喷雾防

治，建议单独使用，不可与其他化学农药混用。病虫害始盛期采用苦参碱防治梨木虱和黑星病等。

(四) 药剂应急控害技术

1. 蚜虫、梨木虱

害虫发生高峰期防治，可选用螺虫乙酯、噻虫胺或吡虫啉喷雾防治，螺虫乙酯可兼治红蜘蛛。

2. 梨黑星病、轮纹病、锈病等

梨树发芽后开花前、落花后、套袋前各喷药1次，梅雨季节期间根据天气防治1~2次。选用苯醚甲环唑、腈苯唑、戊唑醇等药剂喷雾防治。

四、注意事项

①每次草高达20~30厘米时刈割1次，留草高10厘米左右为宜。铲除深根、高秆恶性杂草。

②根据天气和诱虫情况适时添加糖醋液、更换黄板，及时清理诱捕器内虫体。注意将更换黄板及时清理出园外，避免遗留在园内造成污染。

③避免高温期施药，喷药时叶片正反两面及果实着药均匀，注意药剂轮换使用和安全间隔期。

第三节 柑橘病虫害绿色防控

一、主要病虫害

(一) 柑橘疮痂病

柑橘疮痂病为害叶片、新梢、幼果等部位，叶片染病初期，会出现油浸状的黄色小斑点，随着病情的加重会变成蜡黄色的病斑。发病严重时，叶片扭曲、畸形。新梢染病后会变短小，有扭曲状，但病斑不明显。该病还导致果实小、皮厚、味酸、发育畸形。

(二) 柑橘溃疡病

在发病初期，叶背会出现黄色或暗黄绿色的油浸状小斑点，随后叶两面隆起并有米黄色的圆形病斑，接着病斑的表皮会破裂成海绵状，发病后期病部中央凹陷并呈火山口状裂开，周围有一圈黄晕。发生在枝梢上时，以夏梢和秋梢发生的次数最多，发病初期会出现暗绿色或蜡黄色的油渍状小圆点，而病斑扩大后则与叶片上的病斑相似，严重时会导致枝梢枯死。

(三) 柑橘黄龙病

该病在枝梢、叶、花、果以及根部均可发病，以夏梢、秋梢发病症状最明显，在发病初期，部分新梢会出现叶片黄化的现象（黄梢），从最顶端的叶片开始发病，然后向下蔓延，通常1~2年后全株发病。叶片染病后，会出现叶色斑驳、叶肉变厚硬化、叶面无光泽、叶脉肿大等情况。果实染病则畸形，无光泽且味酸，品质不佳。

(四) 柑橘煤污病

发病后，在叶片、枝梢及果实的表面会出现一层黑色的煤污斑，然后扩大成绒毛状的黑色霉层，严重时会影响植株进行光合作用的能力，导致树势弱，影响果实着色，降低果实质量。

(五) 柑橘酸腐病

果实染上柑橘酸腐病后会出现橘黄色的圆形病斑，并在短时间内迅速扩大，导致全果软腐，病部变软，果皮容易脱落，而在后期还会出现白色黏状物，整个果实出水腐烂并有酸败臭味。

(六) 柑橘红蜘蛛

红蜘蛛会群集在叶、果和嫩枝上刺吸汁液，嫩叶受害最重，严重时会失去光泽呈灰白色，叶面上布满灰尘状的蜕皮壳，导致提早落叶，影响树势。

（七）柑橘锈壁虱

柑橘锈壁虱会在叶片背面、果实表面吸食汁液，导致叶背、果面变成黑褐色或铜绿色，严重时会引起大量落叶。

（八）柑橘根线虫

根系受害后，果树枝梢短弱、叶片变小、着果率降低、果实变小。当根系严重受害后，会导致叶片黄化，叶缘卷曲无光泽，然后干枯脱落或者枝条枯萎，接着全株死亡。

二、防控策略

牢固树立"预防为主，综合防治"的植保方针，践行"科学植保、公共植保、绿色植保"理念。强化冬春季修剪、清园等农艺措施，加强健康栽培管理。提倡生草栽培，改善果园生态环境，保护利用天敌。优先应用生物农药，科学使用高效、低毒、低残留化学农药。提倡多种病虫同时兼治，减少用药次数。推广使用植保无人机、烟雾机、背负式静电喷雾器等高效植保机械。

三、防控措施

（一）农业防治

1. 冬春清园

剪除病虫枝，清除枯枝落叶，减少病虫基数。对柑橘树主干、大枝及幼树、苗木等进行涂白。开园时，可喷施松脂酸钠、石硫合剂、矿物油等清园剂。

2. 捡拾处理虫果

从9月中旬至11月下旬，定期捡拾园中落果，每2~3天1次，高峰期1天1次，并摘除未落的虫果，收集后集中处理。捡拾落果和摘除"未熟先黄、黄中带红"的虫果,就地置于专用虫果处理袋中,扎紧口袋密封闷杀。7~10天果实腐烂后将烂果埋入土中作肥料,虫果处理袋可重复使用。也可将收集的虫果集中于虫果处理池中浸泡灭杀,或用生石灰处理。

3. 合理修剪

结合清园进行冬春季修剪。标准：左右不拥挤、上下不重叠；上重下轻、小空大不空,方便采摘果实。花果期及时疏花疏果,重点是花多的树疏花,无花树放梢。夏秋季抹芽控梢,促使抽梢整齐。

4. 果园生草

在柑橘园行间种植三叶草、苜蓿、黑麦草等绿肥或牧草,实施以草治草,控制果园恶性杂草。果园周边种植蜜源植物,构建良好的自然生态环境,可减轻柑橘红（黄）蜘蛛的为害。以机械割草控制杂草生长,尽量不施用除草剂。

（二）理化诱控

1. 性信息素诱杀

柑橘潜叶蛾主害代成虫羽化始期,每亩放置4~6套性信息素诱捕器。诱捕器悬挂于柑橘树阴面通风处的树干上,悬挂高度要高于树冠的1/2。诱杀柑橘大实蝇用筒式诱捕器+柑橘大实蝇性引诱剂,每亩放置3~5套,悬挂在树冠的1/3处,每15~20天添加1次引诱剂。

2. 食诱技术

在柑橘大实蝇羽化始盛期、成虫回园始期,一般在5月中下旬至7月下旬期间诱杀成虫。

①挂瓶（诱捕器）诱杀。对于上年虫果率3%以下的果园,可采用糖醋药液等食物诱剂挂瓶（诱捕器）诱杀成虫,每亩悬挂8~10个,每7天换1次诱剂。可在诱捕器外壁喷黏胶,提高

诱杀效果。

②点喷诱杀。对于上年虫果率3%以上的果园，使用蛋白诱剂点喷，每亩喷10个点，每点0.5平方米，或糖醋药液每亩喷1/3柑橘树，每株喷1/3树冠。每隔7天喷1次，蜜橘类一般要喷3~5次，椪柑类和橙类一般喷4~6次。

③悬挂黏胶球型诱捕器（诱蝇球）诱杀。从成虫羽化始盛期（5月中下旬）开始使用，每亩挂10~20个诱蝇球，在果园背阴通风处、离地1.2~1.5米高树冠处悬挂，每隔诱蝇球间距10米左右。可选用可降解的诱蝇球，对于使用过的诱蝇球及时回收并再利用。

(三) "以螨治螨" 防治技术

主要在春、秋两季释放胡瓜钝绥螨、巴氏钝绥螨等捕食螨防治柑橘红（黄）蜘蛛。在释放捕食螨前5~7天，应选用螺螨酯、炔螨特等药剂全株喷雾（包括果园草丛），降低害螨数量，当每叶害螨平均低于2只即可释放益螨，每株挂放1袋于避光的中上部分枝处。挂放捕食螨后避免使用杀螨剂。

(四) 科学安全用药

应根据柑橘病虫害类别科学选择农药，优选生物农药和高效低毒低残留化学农药，必要时按照农业农村部《特色小宗作物农药残留风险控制技术指标》要求，制定临时用药措施。配药时注意人员安全，佩戴手套、口罩等必要防护设备。施药避开高温、雨天或大风天气，使用植保无人机、烟雾机、背负式静电喷雾器等高效植保机械。注重生物/化学农药、单剂/混剂交替轮换使用，避免同一生产季2次以上使用或在同一地区多年使用同一种农药。严禁超范围、超剂量、超频次用药，严禁使用禁限用农药，严格遵守安全间隔期。

1. 蚜虫

在春梢萌发至现蕾期，选用啶虫脒、烯啶虫胺、高效氯氟氰菊酯、溴氰菊酯、矿物油、马拉硫磷、噻虫嗪、哒螨·吡虫啉、苦参碱等药剂防治，压低蚜虫基数。

2. 红蜘蛛

在春梢萌发至现蕾期，选用乙螨唑、炔螨特、螺螨酯、甲氰菊酯、联苯肼酯、阿维菌素、哒螨灵、螺虫乙酯、联苯菊酯、阿维·螺螨酯、唑酯·炔螨特、哒螨·乙螨唑、炔螨·矿物油等药剂防治。

3. 疮痂病

在春梢萌发至现蕾期，选用百菌清、代森锰锌、烯唑醇、苯醚甲环唑、溴菌腈、腈菌唑、噻菌铜、甲基硫菌灵、嘧菌酯、苯菌灵、苯甲·克菌丹、唑醚·代森联、噁酮·锰锌、烯肟·戊唑醇等药剂防治。

4. 实蝇

开花至生理落果期，橘大实蝇采用阿维菌素防治，橘小实蝇选用阿维菌素、甲氨基阿维菌素苯甲酸盐、噻虫嗪、吡虫啉防治。

5. 介壳虫

开花至生理落果期，选用矿物油、噻嗪酮、螺虫乙酯、噻虫嗪、松脂酸钠、喹硫磷、氰戊·喹硫磷、螺虫·呋虫胺等药剂防治。

6. 潜叶蛾

定果至果实膨大期，选用高效氯氟氰菊酯、阿维菌素、印楝素、吡虫啉、溴氰菊酯、虱螨脲、氟虫脲等药剂防治。

7. 砂皮病

定果至果实膨大期，选用氟硅唑、氟啶胺、咪鲜胺、吡唑醚菌酯、克菌丹、啶氧菌酯·克菌丹、唑醚·喹啉铜、唑醚·戊唑醇等药剂防治。

8. 炭疽病

果实膨大期至采果期,选用代森锰锌、咪鲜胺、苯醚甲环唑、嘧菌酯、氟环唑、丙森锌、氟啶胺、苯甲·嘧菌酯、二氰·吡唑酯、唑醚·代森联、肟菌、戊唑醇等药剂防治。

9. 粉虱

果实膨大期至采果期,选用阿维·啶虫脒、阿维·噻嗪酮、阿维·螺虫酯、高氯·啶虫脒等药剂防治。

第四节 葡萄病虫害绿色防控

一、主要病虫害

(一) 霜霉病

霜霉病主要由于葡萄的成长环境温度较高所致。一般情况下表现为先出现小斑点并逐渐扩散。较为严重时,叶片会逐步枯萎,影响葡萄的基本生长。霜霉病一般都在葡萄的生长期出现,集中表现在4—5月,天气初热,容易出现。

(二) 白粉病

白粉病出现初期表现在葡萄的叶面上会出现淡白色的斑点,后不断扩散,较为严重时,多片叶呈白粉状,并且停止生长。如果在幼果期出现白粉病,会致使果实停止生长或不断萎缩。白粉病多出现在5—7月,即葡萄成长期。

(三) 黑痘病

黑痘病几乎是所有葡萄种植区最为顽固的病害问题,因为黑痘病极其容易出现且破坏力极强,一旦染上黑痘病,葡萄很快就出现大面积的红褐色斑点,呈病态化生长趋势,甚至停止生长并萎缩,因此黑痘病也被称为萎缩病。葡萄的萌芽初期多发,从3

月种植到花期之前,都有患上黑痘病的可能性。很多地域由于气候、温度和湿度等条件原因,往往会出现黑痘病与霜霉病并发的现象,如果没有及时采取防治措施,对于葡萄成长而言,是毁灭性的打击。

(四) 二星叶蝉

二星叶蝉喜欢寄生于葡萄、苹果等叶片背面,一般症状表现在叶面出现白色小斑点,随着其幼虫的成长,汁液被不断抽走,严重时整个叶面因为失去营养而枯萎脱落。二星叶蝉会出现在葡萄成长的任何时期,多与葡萄共同成长,因此需要做重点防治。

二、防控策略

贯彻"预防为主,综合防治"的植保方针,立足全生育期病虫害绿色防控。以田园整治、农艺措施为基础,秋季和早春及时清除园内病虫残体,降低病虫基数;在病虫害防治关键期,合理使用性诱、食诱等理化诱控技术,控制种群数量;优先使用无机农药、生物农药,科学使用低毒化学农药,高效控制病虫害发生,降低农药残留,达到控害保安全的目标。

三、防控措施

(一) 新建葡萄园的选址及土壤管理

新建的葡萄园要选择排水良好的地块,尽量避免连作地、低洼地建园,最好不在土壤黏重、通气性差的地块种植葡萄。遇到连续阴雨积水时应注意做好排水工作。建议起高垄种植葡萄,增加排水沟,避免土壤积水。平地定植葡萄最好是南北走向,山坡地定植葡萄最好是高低走向,这不仅有利于光合作用,也可以降低葡萄园湿度,减轻病害的发生。

(二) 无病虫害种苗的培育及种苗消毒

从非疫区选取无病虫害种苗,培育和栽植无病苗。种苗消毒可以采用热水处理或药剂处理，热处理消毒通常热水的温度需要达到 50℃，处理时长不小于 30 分钟。针对不同葡萄品种对热水耐受性的差异，通过处理树体剪枝来测试其对热水的耐受性可以避免因处理不当而损伤苗木。也可采用石硫合剂、苯醚甲环唑等药剂进行种苗消毒。

（三）控产及优良架式选择

合理水肥，适当控产。在北方埋土防寒区，可选用"厂"字形架式和"V"形叶幕，可以减少冻害及埋土扭伤主蔓，增强树势，提高树体的抗病能力。在非埋土区鲜食葡萄可选择光能利用率高的棚架型树形，如"T"形、"H"形或"Y"形等，来简化修剪技术、改善叶幕光照状况，减少光能浪费，从而有效降低病虫害的发生。酿酒葡萄适当提高果穗离地面的高度，适当去除遮挡果穗的叶片，不但有助果实着色，还可减轻病害发生。

（四）果园卫生清洁

休眠期剪除带病虫的枝梢及残存的病果，刮除病、老树皮，清除果园内的枯枝、落叶、烂果等，并集中销毁。生长季节及时摘除病虫害果梢并集中处理或销毁，降低田间病虫基数，防止病虫害在田间滋生传播。收获期应彻底清除病果，避免储运期病害扩展蔓延。

（五）共性病虫害的药剂清除

在葡萄萌芽初期和采收休眠期前各打 1 次石硫合剂，铲除病虫源。

四、注意事项

①科学选用葡萄上登记药剂，或根据当地省级农业部门提出的临时用药选择品种。施药时间宜选择晴天 9：00 之前或 17：00 之后。要严格执行农药安全间隔期，按照要求科学用药，注重不

同类型的农药的交替使用,延缓抗药性产生。

②若在葡萄幼果期遇有暴风雨或冰雹灾害天气,在灾害天气过后 24 小时内,可选用吡唑醚菌酯或苯醚甲环唑等及时喷药保护,避免葡萄白腐病等病害严重发生。

第八章 蔬菜病虫害绿色防控技术

第一节 豇豆病虫害绿色防控

一、主要病虫害

（一）豇豆锈病

病菌主要为害叶片，严重时也为害茎和豆荚。病初叶背产生淡黄色小斑点，稍隆起，扩大后呈暗褐色凸起病斑，表皮破裂后散出红褐色粉末。严重时整张叶片布满锈褐色病斑、引起叶片枯黄脱落。茎和豆荚染病产生暗褐色凸起，表皮破裂，散发锈褐色粉末。发病后期茎和豆荚均可形成隆起的黑色疱斑，表皮破裂后散出黑色粉末。

（二）豇豆白粉病

主要为害叶片，也可侵害茎蔓和荚。叶片染病，在叶背和叶面产生白粉状霉层，粉层厚密，边缘不明显，严重时可布满整张叶片，使叶片迅速枯黄，引起大量落叶。茎蔓和荚染病，生出白色粉状霉层，严重时可布满茎蔓和荚，使茎蔓干枯、荚干缩。

（三）豇豆煤霉病

病菌主要为害叶片，也可为害茎蔓及荚。发病初期叶两面生赤色或紫褐色小点，扩大后呈淡褐色或褐色近圆形至多角形病斑，边缘不明显。湿度大时病斑背面密生一层灰黑色煤烟状霉。

病情严重会引致叶片早期脱落,仅残留顶端数片嫩叶。

(四) 豇豆病毒病

病原主要为黄瓜花叶病毒、豇豆蚜传花叶病毒和蚕豆萎蔫病毒。染病后叶片出现深、浅绿相间的花叶,有时可形成深绿色脉带和萎缩、卷叶等症状。病株一般叶面皱缩,叶片变小、畸形,矮化。

(五) 豇豆炭疽病

叶片发病始于叶背,叶脉初呈红褐色条斑,后变黑褐色或黑色,并扩展为多角形网状斑。叶柄和茎染病,产生梭形或长条形病斑,呈褐锈色。豆荚染病初现褐色小点,扩大后呈褐色至黑色圆形或椭圆形斑,周缘稍隆起,四周常具红褐色或紫色晕环,中间凹陷,湿度大时溢出粉红色黏稠物。种子染病,出现黄褐色的大小不等凹陷斑。

(六) 豇豆钻心虫

豇豆钻心虫又叫豇豆螟,它蛀食豇豆的蕾、花和嫩荚,造成严重落蕾、落花和落荚。咬伤的豆荚,伤口虫粪黏湿发臭,豆荚畸形,商品品质和食用品质变劣。豇豆螟成虫分散隐蔽,飞翔产卵范围较大,产卵量多,不容易喷药扑杀或诱杀。成虫产卵在植株嫩叶部分,5~7天孵化后蛀入豆荚内取食豆粒。3龄以上幼虫钻蛀荚中,喷洒药剂很难将其杀死。

(七) 蚜虫

成虫和若虫刺吸嫩叶、嫩茎、花及豆荚的汁液,使叶片卷缩发黄,嫩荚变黄,严重时影响生长,造成减产。

二、防控策略

贯彻"预防为主,综合防治"的植保方针。通过协调应用生态调控、健康栽培、生物防治、理化诱控和科学用药等植物保护措施,实现豇豆主要病虫害的有效控制,降低农药残留风险。

三、防控措施

(一) 加强监测

悬挂黄板监测斑潜蝇、粉虱、蚜虫等;悬挂蓝板或蓝板+蓟马信息素监测蓟马;安装性信息素诱捕器监测斜纹夜蛾、甜菜夜蛾、豇豆荚螟;人工调查叶螨及病害。

(二) 生态调控

在豇豆种植区域内、外引入非作物功能植物,通过增加生态系统多样性以提高系统内节肢动物食物网复杂度和稳定性,从而实现增加自然天敌丰度,降低害虫暴发的风险。

1. 栖境植物

在定植或播种前,豇豆田边缘种植白三叶、芝麻、秋英、向日葵等栖境植物,增加对瓢虫、草蛉、食蚜蝇、姬蜂等天敌诱集招引,保护豇豆减少害虫为害暴发。

2. 驱避植物

在定植或播种前,豇豆田边缘种植薄荷、罗勒、茴香、牛至、迷迭香等芳香植物驱避蓟马、粉虱、蚜虫、斑潜蝇等害虫种群迁入。

3. 蜜源植物

在定植或播种时,豇豆田内间隔每10平方米放置一盆金盏菊或藿香蓟,用于提供替代食物辅助小花蝽、捕食螨、食蚜蝇等天敌的定殖,维持田间天敌的种群密度,提高对害虫种群控制。

4. 储蓄植物

在定植或播种时,按每亩种植玉米20~30棵,成行排列,每行5~10棵。先接种玉米蚜虫(不为害豇豆)后,再引入瓢虫、小花蝽等天敌种群辅助定殖,预防豇豆害虫暴发。

(三）健康栽培
1. 选用抗（耐）性品种
宜选用商品性好、适合当地种植的抗（耐）性品种。
2. 轮作
宜与水稻、玉米等或非豆科蔬菜轮作倒茬，保持适宜豇豆种植的良性土壤环境。
3. 清洁田园
及时清理残株、败叶、杂草等，并进行堆沤等无害化处理。
4. 翻耕晒垡
播种前，深翻土地30厘米以上，再晾晒5~7天。
5. 科学施肥
施足基肥育壮苗，多施有机肥和菌肥，适量施用氮肥，结合水分管理合理追肥。

（四）高温闷棚消毒
针对设施棚室种植豇豆地块，利用夏季高温休闲时间，将粉碎的稻草或玉米秸秆500千克/亩，猪粪、牛粪等未腐熟的有机肥4~5米^3/亩，石灰氮70~80千克/亩，均匀铺撒在棚室内的土壤表面。然后用旋耕机深翻地25~40厘米，起垄后覆膜浇水同时封闭棚膜。保持高温闷棚20~30天，处理结束后揭膜，翻耕土壤晾晒7~10天，使用微生物菌剂处理后即可种植。

（五）生物防治
1. 施用生物制剂
①防治蓟马。直播或定植前，每亩使用金龟子绿僵菌颗粒剂5~10千克兑细土均匀撒施后打湿垄面；苗期开始，根据虫情连续喷施绿僵菌、白僵菌、苦参碱、藜芦根茎提取物等，对于抗药性强的蓟马可以使用金龟子绿僵菌跟适宜的化学杀虫剂混配进行防治。

②防治土传病害。播种或定植前，对土传病害较重的地块，选用木霉菌、芽孢杆菌等微生物菌剂进行土壤处理；发病初期，选用枯草芽孢杆菌、多黏芽孢杆菌等微生物菌剂进行灌根。

2. 释放天敌

在害虫低密度发生时，释放小花蝽、捕食螨等防治蓟马，释放丽蚜小蜂等防治粉虱，释放姬小蜂或潜蝇茧蜂等防治斑潜蝇，释放食蚜瘿蚊、食蚜蝇、瓢虫等防治蚜虫，释放草蛉、猎蝽、蠋蝽等防治甜菜夜蛾等鳞翅目幼虫。

（六）免疫诱抗与生长调节

冬春季节，对豇豆叶部喷施氨基酸、腐殖酸等有机叶面肥防止低温冻害；初花期、初果期，喷施氨基寡糖素等免疫诱抗剂以及赤霉酸、芸苔素内酯等植物生长调节剂，起到保花保果、提高豇豆抗病性的作用。

（七）理化诱控

1. 防虫网阻隔

使用60～80目防虫网，隔离蓟马、斑潜蝇、烟粉虱以及鳞翅目害虫。适宜目数根据靶标害虫、生产环境和栽培模式等因素综合考虑。

2. 地膜覆盖

覆盖黑色或银黑双色地膜，银色朝上驱避蓟马、蚜虫等害虫，同时防止害虫落土化蛹、阻止土中害虫羽化出来；黑色朝下防治杂草。

3. 昆虫信息素诱杀

安装斜纹夜蛾、甜菜夜蛾、豇豆荚螟性诱剂诱杀成虫。

（八）科学用药

针对重要病虫害，选用不同作用方式和机制的药剂，通过药剂合理使用以及开展统一防治，提高防治效果。

1. **虫害防治药剂**

①苗期至采收前。可选用金龟子绿僵菌、昆虫多角体病毒、苏云金杆菌、白僵菌、甲氨基阿维菌素苯甲酸盐、氯虫苯甲酰胺、虱螨脲、螺虫乙酯、虫螨腈·唑虫酰胺、吡虫啉·虫螨腈、虫螨·噻虫嗪、灭蝇胺、阿维·灭蝇胺、阿维·杀虫单、灭胺·杀虫单、阿维菌素等药剂。

②开花结荚至采收期。可选用金龟子绿僵菌、昆虫多角体病毒、苏云金杆菌、白僵菌、苦参碱、溴氰虫酰胺、乙基多杀菌素、噻虫嗪、啶虫脒、茚虫威、多杀霉素、双丙环虫酯、高效氯氰菊酯等安全间隔期3天以内的药剂。

2. **病害防治药剂**

①锈病、白粉病、炭疽病等病害。选用蛇床子素、硫磺·锰锌、苯甲·嘧菌酯、吡萘·嘧菌酯、氟菌·肟菌酯等药剂。

②枯萎病、根腐病等病害。选用哈茨木霉菌、多黏芽孢杆菌、多抗霉素、嘧啶核苷类抗菌素等药剂灌根。

③细菌性病害。选用春雷霉素、中生菌素、大蒜素等药剂。

3. **技术要点**

以病虫监测为基础,在病害未发生或发生初期施药防治,在害虫发生初期以及卵(若虫)期、低龄幼虫期施药防治害虫。蓟马、豇豆荚螟是开花结荚期的重点防治对象,为提高蓟马防治效果,建议将杀卵作用药剂与杀(幼)成虫作用药剂进行混用、将绿僵菌与化学杀虫剂进行混用。施药的时间以花瓣张开且蓟马较为活跃的9:00以前为宜。注意周边的杂草、地面、植株的上下部以及叶片的正反面都要喷到;注意不同类型药剂轮换使用。每种药剂按农药标签规定控制使用次数,严格遵守农药安全使用间隔期。

第二节　辣椒病虫害绿色防控

一、主要病虫害

（一）辣椒丛枝病

辣椒丛枝病发生在苗期，发病时，叶片会发黄，而且植株矮小，容易出现单枝，成株发病时，植株矮化、黄化，枝叶丛生，叶柄变窄变长，出现褪绿斑，果实出现黄绿相间的症状。

（二）辣椒猝倒病

辣椒幼苗容易感染该病，发病后会在茎基部出现白色的棉絮状物，发病速度非常快，在湿润的环境中，还会产生分生孢子，传播能力强，对植株的危害严重。

（三）青枯病

在温度高的环境中，发生青枯病后，叶片出现萎蔫，早上或傍晚温度低的时候会恢复，过一段时间后，叶片就不能恢复原状了，在短时间内还会保留着青绿色，但是维管束已经变成了褐色，而且会生出白的菌脓，进行病害繁殖。

（四）早疫病

该病主要为害的辣椒的叶片。发病后出现圆形或者是近圆形的病斑，而且出现同心的轮纹。后期，叶片病斑颜色加深。果实发病，出现圆形凹陷的病斑，到了后期又会出现黑色霉层。

（五）灰霉病

该病多发生在秋冬茬大棚辣椒的种植中，主要为害叶片和果实，初期在果实上呈白色椭圆形或近圆形斑点，后期病斑凹陷腐烂，湿度大时，病斑出现大量的灰色霉层。

（六）蓟马

在春夏秋季露地易发，在冬季在温室大棚中易发。在3—5

月出现高峰期。可为害花、叶、果实，受害的叶片出现斑点，表面变皱，发育变慢或畸形。

二、防控策略

为确保辣椒生产"高产、优质、高效、生态、安全"的目标，践行"科学植保、公共植保、绿色植保"的理念，在有效控制辣椒主要病虫害为害的同时，减少化学农药使用量和农药残留。实际操作时，强化农业防治、物理防治和生物防治措施，科学安全使用化学农药。

三、防控措施

（一）农业防治

1. 防治原则

每一茬辣椒的栽培过程，要从选地、整畦、品种选择、茬口安排、种子消毒、播种育苗、定植、田间管理、产品采收等各个农事环节，进行严格把关，严防病虫侵入。

2. 主要措施

清洁田园；合理轮作、套播；地膜覆盖；清沟沥水，降低田间湿度；使用腐熟的有机肥；使用适合当地的抗病虫品种，适时育苗播种；生长期及时摘除病枝果叶及虫卵集中销毁；科学合理进行水肥管理；在辣椒种植区周边种植玉米等高秆禾本科作物，形成作物隔离带阻止外界蚜虫、粉虱进入。

尤其注意的是在病虫害常发区，避免与番茄、茄子、烟草、马铃薯、瓜类蔬菜等重茬，最好与葱、蒜轮作或间作。

（二）物理防治

1. 防治原则

广泛应用理化诱控、机械阻隔等技术。

2. 主要措施

防虫网隔离害虫；频振灯、黑光灯诱杀斜纹夜蛾、甜菜夜蛾、小菜蛾成虫，有条件的菜区可安装频振式杀虫灯，效果更好；糖醋酒混配敌百虫诱杀；蓝板诱杀蓟马、黄板诱杀蚜虫、银灰色遮阳网驱蚜虫。

（三）生物防治

1. 释放害虫天敌

利用天敌进行防治，以虫治虫是目前无公害防治的一项重要措施。在蚜虫发生早期，一般在早春 2—4 月，田间虫量较低时释放异色瓢虫等天敌，控制蚜虫种群数量，兼治烟粉虱。

2. 生物农药防控

该措施适用于大棚辣椒生长全生育期，主要为每年 3—10 月。可选用高效生物或仿生物农药，如苦参碱、香菇多糖等，添加有机硅或其他农药助剂，运用机动弥雾机进行机动弥雾。

（四）化学防治

1. 改进施药方法

提倡机动弥雾，对聚集在辣椒叶片背面为害的烟粉虱、白粉病，尽量用弥雾机机动弥雾施药，并应用有机硅助剂。具体用法：适当减少用药量和控制用水量，在药液中加有机硅助剂 225 毫升/公顷左右，手动喷雾或机动弥雾。大棚内湿度大时，提倡应用烟雾剂防治病虫害，节约用工，提高防效。

2. 实施统筹兼治

针对大棚辣椒多种病虫害并发的实际，为减少用药次数，在抓好预测预报的前提下，以烟粉虱和灰霉病等为重点，全面考虑，前后兼顾，尽量做到一药多治，病、虫同时防治，积极倡导统防统治，努力提高统防统治覆盖率和防治效果。

3. 选择高效低毒药种

选择经过登记适用于辣椒生产的药剂，按照标签推荐用量及使用方法施用。优先选用植物源、微生物源、仿生类农药及高效微毒、低毒化学农药,优先选用悬浮剂、水分散粒剂等剂型先进的农药,同时强调不同药剂交替使用。

第三节　茄子病虫害绿色防控

一、主要病虫害

(一) 茄子褐纹病

褐纹病是茄子的常见病,表现为叶子上的病斑从一开始的水渍状变为褐色的轮纹,边缘上会出现灰白色和黑点,果实上会产生病斑并且慢慢变成酱色。

(二) 茄子绵疫病

叶片会产生不规则圆形水浸状褐色病斑,有明显轮纹,潮湿时病斑上长白霉。果实初期出现水浸状圆形病斑,稍凹陷,黑褐色,后逐渐扩大,为害整个果实。

(三) 茄子黄萎病

叶片发病,初期叶片边缘和叶脉间褪绿变黄,后发展到整个叶片。病株中午失水萎蔫,早晚恢复正常,后随病情发展不能恢复。有时全株发病,有时植株半边发病。

(四) 茄子枯萎病

发病初期,病株叶片自下而上逐渐变黄枯萎,病症多表现下部叶片,有时同一叶片仅半边变黄,另一半健全如常。

(五) 茄子茶黄螨

被害叶片小而且硬,叶片背面有油质光泽,叶片边缘向叶背卷曲。被害嫩茎变为黄褐色,扭曲变形,严重时,顶部枯死。被害花蕾出现畸形花,甚至不能开放,导致茄子无法坐果。被害果实表面变粗糙，严重的果实裂开露籽。

（六）茄子白粉虱

白粉虱主要为害茄子的叶片，成虫和若虫都以吸食茄子叶片的汁液为生。被害叶片出现褪绿变黄并萎蔫。

二、防控策略

对标茄子生产安全、产品质量安全和生产环境安全，以实施绿色防控技术为抓手，采用生态调控、免疫诱抗和科学安全用药等技术措施，切实提高防控效果，有效减少化学农药使用量，茄子种植基地禁止违法使用禁限农药，禁止违规使用化学除草剂。

三、防控措施

（一）生态调控

生态调控技术包括以下3点。

1. 合理轮作

实行2年以上轮作控制土传病害，切忌与茄科蔬菜连作。

2. 清洁田园

及时摘除病叶、拔除病株，带出田外集中处理，不能将其用来沤肥。雨后及时采收并及时清理病果，减少病（虫）源数量。

3. 培育壮苗

（1）品种选择

根据不同的栽培类型，选用抗病、优质、丰产、抗逆性强的品种。种子质量符合国家相关规定要求，植物检疫合格。

（2）种子消毒

温汤浸种，用55℃温水浸种10分钟，捞出后放在32~35℃适温下催芽。根据移栽时间，确定播期，培育无病壮苗，提高植株抗病力。

(3) 苗期间苗

苗期间苗 2~3 次，除去过密、过弱苗。若育苗期逢雨季，苗床注意控水，少浇水，水分以见干见湿为度，减轻猝倒病、立枯病发生。病害发生后立即拔除病苗，撒适量草木灰吸水控湿控制蔓延。

(4) 土壤调理

针对土传病害发生严重地块，亩用糖醇钙镁土壤调理剂 20 千克+10 亿个孢子/克枯草芽孢杆菌可湿性粉剂 500 克+蚯蚓激酶-T18 颗粒剂 10 千克，与有机肥、复合肥等一起混匀撒施，调理土壤特别是根部周围的酸碱度，补充中微量元素，减轻土传病害发生。

(二) 免疫抗诱

1. 苗床期预防死棵烂苗

茄子出苗 2~4 片叶后，用 30%甲霜·噁霉灵水剂 1 500 倍液+0.136%赤·吲乙·芸苔可湿性粉剂 7 500 倍液，或 5%氨基寡糖素水剂 1 000 倍液，或 0.003%丙酰芸苔素内酯水剂 2 000 倍液，苗床喷雾。

2. 浸根带药移栽

针对土传病害常年发生较重区域，移栽时 30%甲霜·噁霉灵水剂 1 500 倍液+0.136%赤·吲乙·芸苔可湿性粉剂 7 500 倍液（或 5%氨基寡糖素水剂 1 000 倍液，或 0.003%丙酰芸苔素内酯水剂 2 000 倍液）浸根。浸根 5~10 分钟后移栽（浸根液可作定根水）。

(三) 科学安全用药

优先选择植物源、微生物源农药，科学选择高效低毒低风险化学农药，注意轮换用药，严格执行安全间隔期用药规定，施药器械采用低容量连杆多喷头喷雾器，省药、省工、省水。施药时做好个人防护，佩戴口罩及手套，尽量避免农药与皮肤及口鼻接触；施药后应及时搞好个人清洁卫生，清洗手、脸等暴露部分的皮肤。

第四节　黄瓜病虫害绿色防控

一、主要病虫害

（一）黄瓜霜霉病

苗期、成株期均可发病，主要为害叶片。叶片被害后，初期出现水渍状的斑点，病斑逐渐扩大，呈多角形淡褐色斑块，湿度大时叶背面或叶面长出灰黑色霉层。后期严重时，病斑破裂或连片。

（二）黄瓜白粉病

苗期至收获期均可染病，叶片发病最重，叶柄、茎次之，果实受害少。发病初期，在叶片两面产生白色近圆形小粉斑，叶面较多。后扩展成边缘不明显、连片白粉，严重时整片叶布满白粉，后期呈灰色，病叶枯黄，但一般不落叶。叶柄、茎发病症状与叶片相似。

（三）黄瓜枯萎病

枯萎病在整个生长期均能发生，以开花结瓜期发病最多。苗期发病时茎基部变褐缢缩、萎蔫猝倒。幼苗受害早时，出土前就可造成腐烂，或出苗不久子叶就会出现失水状，萎蔫下垂（猝倒病是先猝倒后萎蔫）。成株发病初期，受害植株表现为部分叶片或植株的一侧叶片，中午萎蔫下垂，似缺水状，但早晚恢复，数天后不能再恢复而萎蔫枯死。主蔓茎基部纵裂，根茎病部维管束变黄褐到黑褐色并向上延伸。潮湿时，茎基部半边茎皮纵裂，常有树脂状胶质溢出，上有粉红色霉状物，最后病部变成丝麻状。

(四) 黄瓜细菌性缘枯病

叶、叶柄、茎、卷须、果实均可受害。发病初在叶部产生水浸状小斑点，后扩大为淡褐色不规则形斑，周围有晕圈；严重产生大型水浸状病斑，由叶缘向叶中间扩展，呈楔形；叶柄、茎、卷须有病斑也呈水浸状，褐色。果实染病先在果柄上形成水浸状病斑，后变褐色，果实黄化凋萎。湿度大时病部溢出菌脓。

(五) 黄瓜立枯病

多在床温较高或育苗后期发生，主要为害幼苗茎基部或地下根部。发病初，在茎部出现椭圆形或不整形暗褐色病斑，逐渐向里凹陷，边缘较明显，扩展后绕茎一周，致茎部萎缩干枯，后瓜苗死亡，但不折倒。根部染病多在近地表根茎处，皮层变褐色或腐烂。

(六) 黄守瓜

成虫取食瓜苗的叶和嫩茎，常常引起死苗。也为害花及幼瓜，使叶片残留若干半环形食痕或圆形孔洞。2龄前幼虫主要咬食细根，3龄以上幼虫取食主根，导致瓜苗整株枯死，也可蛀入近地面的瓜果内为害，引起腐烂，严重影响产量和品质。

(七) 黄蓟马

多以成虫和若虫吸食黄瓜生长点的嫩梢、嫩叶、花和幼瓜的汁液。黄瓜被害后，心叶不能正常展开甚至干枯无顶芽，嫩芽或嫩叶皱缩或卷曲，组织变硬而脆。植株生长缓慢，节间缩短，出现丛生现象。幼瓜受害后，果实硬化、畸形，茸毛变灰褐或黑褐色，生长缓慢，果皮粗糙有瘢痕，布满"锈皮"，严重时造成落瓜。发生蓟马为害的黄瓜，叶片提前老化，脆硬，卷曲，看上去好似黄瓜绿斑驳病毒病。

二、防控策略

采用农业防治、物理防治、生物防治与生物农药防治相结合的绿色防控方法，重点推广安装防虫网、悬挂粘虫板、释放赤眼蜂、使用生物源农药，达到有效控制蔬菜病虫害，确保黄瓜生产安全、农业生态环境安全，促进蔬菜生产的可持续发展和产品质量的提高。通过推广、使用黄瓜绿色防控技术，减少化学农药使用量，减轻病虫为害损失率。

三、防控措施

（一）生态调控

1. 轮作换茬

与非葫芦科作物轮作。

2. 清洁田园

清除田间及周围杂草，深翻土地，减少病虫基数。

3. 土壤处理

定植前每亩使用枯草芽孢杆菌+胶冻样类芽孢杆菌菌剂40千克改良土壤生态，预防土传病害。

4. 健康栽培

（1）选用抗病品种

根据当地病虫发生情况因地制宜选择抗耐病品种。

（2）种子消毒

将种子倒入55℃温水中温汤浸种，并不断搅拌，至常温，晾干。用枯草芽孢杆菌100倍液拌种，可预防枯萎病、疫病、炭疽病等。

（3）嫁接育苗

用白籽南瓜做砧木，进行嫁接。

5. 免疫诱抗

待种子出齐苗后,每隔 10 天左右,喷一次 5% 氨基寡糖素 1 000 倍液,共喷 2~3 遍。

(二) 理化诱控

1. 安装杀虫灯

每公顷安装 1 台频振杀虫灯,利用害虫的趋光性和对光强变化的敏感性诱杀害虫。

2. 覆盖银灰膜

黄瓜种植田块覆盖银灰膜驱避蚜虫。

3. 性诱剂

根据盛发害虫种类,每亩安放 2 个性诱捕器,位置在植株顶 10~15 厘米处,诱芯每 1 个月更换 1 次。

(三) 生物防治

1. 保护和利用自然天敌昆虫

种植适宜不同时期的蜜源植物种类,为寄生蜂提供栖息场所与蜜源,能提高寄生蜂寄生率。

2. 生物菌剂

①使用蜡蚧轮枝菌喷雾防治烟粉虱。

②穴施淡紫拟青霉 800~1 000 克/亩,防治根结线虫。

③用蜡质芽孢杆菌防治黄瓜霜霉病。

(四) 科学用药

根据病虫害发生程度,在必须用药防治时,优先选用高效低毒、剂型先进的农药品种,推广新型生物农药。

选用枯草芽孢杆菌预防灰霉病、白粉病;选用哈茨木霉菌防治灰霉病;选用烯酰吗啉、氟吗啉、氟菌·霜霉威、氟噻唑吡乙酮、丙森·缬霉威或霜脲·锰锌等药防治霜霉病;选用苯醚甲环唑、氟硅唑、肟菌·戊唑醇、氟菌·肟菌酯、唑醚·氟酰胺或吡萘·嘧菌酯等药防治白粉病、靶斑病、黑星病、炭疽病；选用氟菌·肟菌酯、唑醚·氟酰胺、吡萘·嘧菌酯或啶酰菌胺等药防治灰霉病、菌核病，并轮换交替使用，降低抗药性风险；选用咯菌腈蘸花或喷花预防灰霉病。

使用生物农药，如多抗霉素防治白粉病、灰霉病、猝倒病、霜霉病；中生菌素、春雷霉素防治细菌性角斑病；宁南霉素防治病毒病；阿维菌素灌根防治根结线虫病。

阴雨雪天采用喷粉法或烟熏法施药，如用百菌清烟剂防治霜霉病、灰霉病、白粉病，用异丙威烟剂防治小型害虫。

在害虫点片发生或盛发初期，选用植物源或微生物源杀虫、杀螨剂，粉虱类可选用矿物油、球孢白僵菌或乙基多杀菌素等药；螨类可选用矿物油、藜芦碱等药；蚜虫类可选用藜芦碱、鱼藤酮、除虫菊素或苦参碱等药；蓟马类可选用乙基多杀菌素、多杀霉素等药。

防治粉虱类可推广释放丽蚜小蜂、斯氏钝绥螨；防治螨类可释放胡瓜钝绥螨或巴氏新小绥螨。

第五节　韭菜病虫害绿色防控

一、主要病虫害

（一）韭菜灰霉病

韭菜灰霉病俗称白点病，在适宜的温湿度条件下会侵染叶片，在叶片上出现白色梭形小斑点，病情发展后病斑连合引起叶片干枯，潮湿时有灰绿色毛霉，严重时植株腐烂枯死，对韭菜的品质和产量有较大影响。

（二）韭菜疫病

韭菜疫病多从中下部叶片开始发病，出现暗绿色水渍状，逐渐扩展至大半叶片，致使叶片发黄、软腐下垂，潮湿时有稀疏的白色霉状物，也可为害假茎。

（三）韭菜菌核病

菌核病主要为害叶片、叶鞘或茎苞。被害的叶片、叶鞘或茎基部初变褐色或灰褐色，后腐烂干枯。病部可见棉絮状菌丝缠绕及由菌丝纠结成的黄白色至黄褐色菜籽状菌核。雨水频繁的年份或季节易发病。此外，地势低洼、排水不良、密度过大、偏施氮肥易发病。

（四）韭菜锈病

发病初期，植株表皮形成椭圆形或纺锤形橙黄色隆起，随着病情加重，会导致表皮纵裂并散发出橙黄色粉末，严重时病斑连成一片，如同铁器生锈形成的锈斑。

（五）韭蛆

韭蛆幼虫钻食韭菜地下部分，使地上叶片瘦弱、枯黄、萎蔫断叶，幼虫常聚集在根部鳞茎里或钻蛀假茎中引起腐烂，严重时可造成整畦毁种，损失很大。

（六）韭萤叶甲

韭萤叶甲别名愈纹萤叶甲、韭叶甲。成虫食叶，幼虫在土中食害根和鳞茎，影响作物生长。

（七）韭菜跳盲蝽

成、若虫刺吸韭菜，产生白色至浅褐色斑点，严重的致全株叶片变黄枯萎。

二、防控策略

贯彻"预防为主，综合防治"的植保方针。协调应用健康栽培、生物防治和科学用药等技术措施，实现韭菜主要病虫害的有效控制。

三、防控措施

（一）健康栽培
1. 选用抗（耐）性品种
宜选用商品性好、适合当地种植的抗（耐）性品种。
2. 轮作
3~5年与非百合科植物轮作一次。
3. 科学施肥
结合深耕，施足基肥，合理追肥。宜施用饼肥或充分腐熟的农家肥。
4. 及时排涝，通风降湿
露地雨天应注意排涝。保护地应及时通风降湿。通风量应根据韭菜长势和棚外温度而定，韭菜刚收割或棚外温度较低时，减少放风量。
5. 清洁田园
及时清理田间残株、败叶，集中深埋或堆沤处理。

（二）"日晒高温覆膜法"防治
4月底至9月中旬，选择太阳光线强烈的天气（光强度超过55 000勒克斯），8:00左右，用厚度0.10~0.12毫米的浅蓝色无滴膜覆盖（覆膜前1~2天割除韭菜），覆膜后四周用土壤压盖严实，膜四周尽量超出田块边缘50厘米左右。待膜内土壤5厘米深处温度达到40℃，且持续超过3小时，立即揭开薄膜降温以避免对根伤害。揭膜后待土壤温度降低后及时灌溉，促进缓苗。

（三）生物防治
1. 施用微生物制剂
防治病害，扣棚前宜用木霉菌或芽孢杆菌等制剂随水冲施，扣棚后待韭菜长到5厘米左右时，喷施枯草芽孢杆菌或木霉菌防治灰霉病、疫病。防治虫害，在韭蛆低龄幼虫期，选择阴雨天气或早晚阳光较弱时，将微生物菌剂与细土混匀后撒施在韭菜基部，可选用2亿孢子/克金龟子绿僵菌 CQMa421 颗粒剂，或 200 亿个孢子/克球孢白僵菌可分散油悬浮剂。

2. 施用昆虫病原线虫

在春秋季节，当地温 15~25℃时，选择阴雨天气或早晚阳光较弱时施用昆虫病原线虫制剂，随水冲施，每亩使用量 1 亿条左右。

(四) 科学用药

1. 病害防治

发病初期及时熏烟或喷雾防治，宜采用不同作用机制的杀菌剂轮换使用，施药次数和安全间隔期应符合所用药剂的要求。防治灰霉病，可以使用腐霉利、嘧霉胺等化学药剂进行防治。

2. 虫害防治

①韭蛆。采用药剂喷淋韭菜，或"二次施药法"施药（先浇一遍水、再冲施药液），可选用苦参碱、印楝素、灭蝇胺、噻虫胺、氟铃脲、噻虫嗪、氟啶脲、虱螨脲、吡虫啉等药剂。

②蚜虫。可选用苦参碱、高效氯氰菊酯等药剂。

③蓟马。可选用噻虫嗪等药剂。

④葱须鳞蛾。可选用甲氨基阿维菌素苯甲酸盐、高效氯氰菊酯等药剂。

四、注意事项

腐霉利作为防治灰霉病的药剂，由于其安全间隔期较长，如果距离韭菜的采收期不足 30 天，应避免使用或者延迟采收，防止残留超标。

第六节　芹菜病虫害绿色防控

一、主要病虫害

（一）芹菜斑枯病

主要为害叶片、叶柄和茎。叶片发病从老叶开始，叶片呈现病斑，中部为褐色坏死，叶片外缘为明显的深红褐色，叶片中间有少量小黑点。在病斑外，有一圈黄色晕环。叶柄或茎部发病，病斑开始是褐色水渍状，后渐呈淡褐色椭圆形，中间散生小黑点。严重会导致叶枯、茎秆腐烂。

（二）芹菜软腐病

主要为害叶柄基部，苗期与成株期均可发病。先出现水渍状、淡褐色纺锤状或不规则状的凹陷斑，后迅速向内部扩张，湿度大时，呈湿腐状，维管束变黑发臭。

（三）芹菜早疫病

主要为害叶片、叶柄和茎。叶片受害初为水渍状褪绿色近圆形小斑点，渐发展扩大近圆或不规则形的大病斑，中心灰褐色，外缘有黄色晕圈。严重时病斑扩大成斑块，最后植株枯死。茎或叶柄受害，病斑呈暗褐色，稍凹陷。发病严重的全株倒伏。

（四）芹菜病毒病

全株发病，病叶表现为明脉和黄、绿、白相间的斑纹，并出现黄色病斑或褐色枯死斑，全株黄化。严重时卷曲，植株矮化，心叶节间缩短，叶片皱缩畸形，扭曲甚至枯死。

（五）芹菜菌核病

属于真菌性病害，芹菜全生育期均可发病。为害芹菜叶柄和叶。受害部初期呈褐色水渍状，后变软腐烂，病部生白色菌丝，后期形成黑色鼠粪状菌核。低温、高湿、多雨、种植过密易导致发病。

（六）蚜虫

整个生育期都可发生，开始多集中于心叶部分吸食汁液，使叶片、叶柄不能伸展，严重时全株萎缩。蚜虫（棉蚜、桃蚜和芹菜蚜）是芹菜病毒病的主要传播媒介。

（七）美洲斑潜蝇

成虫和幼虫均可为害植株，幼虫以蛀食芹菜叶片上下表皮之间叶肉为主，在叶片上形成由细到宽不规则的白色蛇形虫道，白色虫道内有黑色的分泌物，严重发生时叶柄也可蛀空，叶片上虫道颜色随作物的生长可变成黄色、锈色。

雌成虫会用产卵器刺破叶片，由刺孔处吸食汁液或产卵，在叶片上造成许多白色的失绿点。雄虫虽然不会直接刺破叶片，但会在雌虫刺孔处吸食汁液。虫体的活动还可传播病毒，使病毒侵染植物，严重影响作物生长。

二、防控策略

贯彻"预防为主，综合防治"的植保方针。通过协调应用健康栽培、生物防治、理化诱控和科学用药等技术措施，实现芹菜主要病虫害的有效控制。

三、防控措施

（一）健康栽培

1. 选用抗（耐）性品种

宜选用商品性好、适合当地种植的抗（耐）性品种。

2. 轮作

不应与香菜、胡萝卜等伞形科蔬菜重茬，可与水稻、玉米等作物轮作。

3. 清洁田园
采收后及时清理残株、败叶，集中深埋或堆沤处理。

4. 翻耕晒垡
播种前，深翻土壤 30 厘米，晒垡 5~7 天，在沟渠和保护地边缘撒生石灰。

5. 科学施肥
结合深耕，施足基肥，合理追肥。宜施用饼肥或充分腐熟的农家肥。

6. 控温控湿，通风透光
保护地芹菜，白天棚室温度宜控制在 15~20℃，高于 25℃ 应及时放风，降温降湿，相对湿度控制在 50%~60%。夜间温度不低于 10℃，相对湿度不高于 80%。

（二）高温闷棚消毒
利用夏季高温休闲时间，将粉碎的稻草或玉米秸秆 500 千克/亩，猪粪、牛粪等未腐熟的有机肥 4~5 米^3/亩，石灰氮 70~80 千克/亩，均匀铺撒在棚室内的土壤表面。然后用旋耕机深翻地 25~40 厘米，起垄后覆膜浇水同时封闭棚膜。保持高温闷棚 20~30 天，处理结束后揭膜，旋耕土壤晾晒 7~10 天，使用微生物菌剂处理后即可种植。

（三）生物防治

1. 施用微生物制剂
预防土传病害，可在播种或定植前使用木霉菌、枯草芽孢杆菌等生物菌剂进行土壤处理；对于根结线虫病发生地块，选用厚孢轮枝菌颗粒剂、淡紫拟青霉进行土壤处理或者穴施，或杀线虫芽孢杆菌 B16 进行穴施或者撒施，或苏云金杆菌 HAN055 随水冲施或灌根，或蜡质芽孢杆菌灌根；防治蓟马、蚜虫、甜菜夜蛾，应在害虫发生初期或低龄幼虫期，选用金龟子绿僵菌、球孢白僵菌等微生物药剂；防治甜菜夜蛾，可选用甜菜夜蛾核型多角体病毒进行防治。

2. 利用天敌

初见害虫时释放天敌，利用食蚜瘿蚊、瓢虫防治蚜虫，利用小花蝽、捕食螨等防治蓟马，利用姬小蜂或潜蝇茧蜂等防治斑潜蝇，释放草蛉、猎蝽、蠋蝽等防治甜菜夜蛾等鳞翅目幼虫。

（四）理化诱控

在棚室门口和通风口安装 40~60 目防虫网；安装甜菜夜蛾性诱捕器诱杀成虫。

（五）科学用药

科学选择高效、低风险药剂。根据病虫发生情况，及时精准用药防治。种植前可采取种子和土壤处理，苗期和生长期采取灌根、喷施等方式进行施药。轮换使用不同作用机制农药，并严格遵守用药剂量、用药方法、用药次数和安全间隔期。防治蚜虫，选用苦参碱、吡虫啉、吡蚜酮、啶虫脒、噻虫嗪等药剂；防治甜菜夜蛾，选用苦皮藤素等药剂；防治斑枯病、叶斑病、菌核病等病害，选用咪鲜胺、苯醚甲环唑等药剂。

第七节 保护地蔬菜病虫害绿色防控

一、防控策略

针对保护地蔬菜害虫发生特点，采取"实时监测、提前预防、压前控后、多策并举"策略，以健康栽培、物理隔离和生态调控等减少虫源基数技术为基础，以释放天敌和应用生物农药为手段，将害虫为害损失控制在经济危害水平以下。

二、防控对象

保护地蔬菜害虫种类多,常年发生的主要有粉虱、蓟马、害螨和蚜虫等重要刺吸式或锉吸式害虫,虫量大、世代重叠、抗药性高、危害大;偶发的有潜叶蛾、棉铃虫、甜菜夜蛾等鳞翅目害虫。

三、防控措施

(一) 虫源基数控制及健康栽培技术

1. 清洁棚室

前茬作物采收后及时拉秧清棚,彻底清除残枝、落叶、落果、杂草等,于棚外集中无害化处理。

2. 土壤消毒

定植前均匀适量撒施土壤消毒剂杀灭病菌,处理后增施白僵菌、绿僵菌、枯草芽孢杆菌等有益菌剂。

3. 安装防虫网

在棚室旁设置缓冲间,门口和入口及上、下通风口安装60~80目防虫网,阻断害虫侵入。

4. 棚室消毒

定植前覆盖防虫网,密闭熏蒸或药剂均匀喷洒墙壁、棚膜、缓冲间1~2次,10~15天后进行播种或移栽。夏季休棚时高温闷棚15~21天。

5. 种植功能植物

棚间空地种植油菜、夏至草、泥胡菜、金盏菊、秋英、苜蓿、芝麻和蛇床子等利于天敌昆虫繁衍的蜜源植物。棚内在通风口区种植茴香、万寿菊、除虫菊等驱避植物。棚内种植诱集植物,例如茄果类蔬菜作物定植时,在其种植行的两端和中间位置各种1株甜瓜,每隔4行种植1次,或瓜类作物温室用盆栽的苘麻置于行间,高效诱集粉虱类害虫。

6. 健康栽培

增施有机肥和生物菌肥,健康土壤;移栽未携带病虫的健壮种苗,合理密植和产量负载,健康植株,地面覆膜控制湿度,通风透光,健康环境;施用氨基寡糖类、蛋白质免疫诱抗剂等,提升植株抗病虫能力。

(二)天敌释放技术

1. 害虫监测

苗期及定植后,监测害虫种群发生情况,在害虫发生初期即采用相应防治措施。

2. 释放技术

(1)防治粉虱类害虫

害虫种类:烟粉虱、温室白粉虱等。

天敌品种:丽蚜小蜂、烟盲蝽等天敌。

释放技术:定植前15~20天,棚室消毒。定植7~10天后,监测发现害虫即可释放天敌,丽蚜小蜂按2 000头/亩,隔7~10天释放1次,连续释放3~5次;或烟盲蝽按1~2头/米^{3}释放,间隔7天释放1次,连续释放2~3次。

(2)防治蓟马类害虫

害虫种类:棕榈蓟马、西花蓟马、葱蓟马、管蓟马等。

天敌品种:小花蝽类、胡瓜新小绥螨、巴氏新小绥螨和剑毛帕厉螨。

释放技术:定植7~10天后,监测发现害虫即可释放天敌。小花蝽类天敌按500头/亩,隔7~10天释放1次,连续释放2~4次;或根部撒施剑毛帕厉螨100~200头/米^3,同时叶部撒施巴氏新小绥螨或胡瓜新小绥螨100~200头/米^3,每2周释放1次,连续释放 2~3 次。

(3) 防治害螨

害螨种类：朱砂叶螨、截形叶螨、二斑叶螨等。

天敌品种：智利小植绥螨、加州新小绥螨、巴氏新小绥螨。

释放技术：定植 10 天后，监测发现害螨即可释放捕食螨。叶部撒施智利小植绥螨 5~10 头/米^3，点片发生时中心株释放 30 头/米^3，每 2 周释放 1 次，释放 3 次。或叶部撒施加州新小绥螨 300~500 头/米^3，每周释放 1 次，连续释放 3~5 次，或释放巴氏新小绥螨，方法同加州新小绥螨。

(4) 防治蚜虫类害虫

害虫种类：桃蚜、瓜蚜、豆蚜、豌豆蚜、萝卜蚜等。

天敌品种：蚜茧蜂、草蛉、食蚜瘿蚊、瓢虫。

释放技术：定植 7~10 天后，监测发现害虫即可释放天敌。蚜茧蜂按 2 000~4 000 头/亩，或草蛉（茧）按 300~500 头/亩，或食蚜瘿蚊按 300~500 头/亩，每周释放 1 次，连续释放 2~3 次。或瓢虫（成虫）按 1∶40~1∶60 益害比释放，或瓢虫（卵）按 2 000 头/亩，释放 1 次。

(5) 防治鳞翅目害虫

害虫种类：潜叶蛾、甜菜夜蛾、棉铃虫等。

天敌种类：赤眼蜂类、蠋蝽、半闭弯尾姬蜂。

释放技术：定植 7~10 天后，监测发现害虫即可释放天敌。赤眼蜂类按 20 000 头/亩，或蠋蝽按 20~30 头/亩，隔 5~7 天释放 1 次，连续释放 3 次；或半闭弯尾姬蜂按 150~300 头/亩，隔 10~20 天释放 1 次，连续释放 1~3 次。

(三) 生物农药防治技术

当释放天敌不能够控制保护地害虫时，使用生物农药进行防治，使用前需确定生物农药与天敌的兼容性，降低对天敌的影响。粉虱类、蚜虫类和蓟马类可选用矿物油、烟碱、除虫菊素、虫菊·苦参碱、苦参碱、鱼藤酮、藜芦根茎提取物、金龟子绿僵菌、白僵菌、多杀霉素等药剂；害螨类可选用浏阳霉素、矿物油、苦参碱等药剂；鳞翅目害虫可选用短稳杆菌、苏云金杆菌、印楝素、核型多角体病毒等药剂。

附录 农药管理条例

（1997年5月8日中华人民共和国国务院令第216号发布，根据2001年11月29日《国务院关于修改〈农药管理条例〉的决定》第一次修订，2017年2月8日国务院第164次常务会议修订通过，根据2022年3月29日《国务院关于修改和废止部分行政法规的决定》第二次修订）

第一章 总 则

第一条 为了加强农药管理，保证农药质量，保障农产品质量安全和人畜安全，保护农业、林业生产和生态环境，制定本条例。

第二条 本条例所称农药，是指用于预防、控制危害农业、林业的病、虫、草、鼠和其他有害生物以及有目的地调节植物、昆虫生长的化学合成或者来源于生物、其他天然物质的一种物质或者几种物质的混合物及其制剂。

前款规定的农药包括用于不同目的、场所的下列各类：

（一）预防、控制危害农业、林业的病、虫（包括昆虫、蜱、螨）、草、鼠、软体动物和其他有害生物；

（二）预防、控制仓储以及加工场所的病、虫、鼠和其他有害生物；

（三）调节植物、昆虫生长；

（四）农业、林业产品防腐或者保鲜；

（五）预防、控制蚊、蝇、蜚蠊、鼠和其他有害生物；

（六）预防、控制危害河流堤坝、铁路、码头、机场、建筑物和其他场所的有害生物。

第三条 国务院农业主管部门负责全国的农药监督管理工作。

县级以上地方人民政府农业主管部门负责本行政区域的农药监督管理工作。

县级以上人民政府其他有关部门在各自职责范围内负责有关的农药监督管理工作。

第四条 县级以上地方人民政府应当加强对农药监督管理工作的组织领导，将农药监督管理经费列入本级政府预算，保障农药监督管理工作的开展。

第五条 农药生产企业、农药经营者应当对其生产、经营的农药的安全性、有效性负责，自觉接受政府监管和社会监督。

农药生产企业、农药经营者应当加强行业自律，规范生产、经营行为。

第六条 国家鼓励和支持研制、生产、使用安全、高效、经济的农药，推进农药专业化使用，促进农药产业升级。

对在农药研制、推广和监督管理等工作中作出突出贡献的单位和个人，按照国家有关规定予以表彰或者奖励。

第二章 农药登记

第七条 国家实行农药登记制度。农药生产企业、向中国出口农药的企业应当依照本条例的规定申请农药登记，新农药研制者可以依照本条例的规定申请农药登记。

国务院农业主管部门所属的负责农药检定工作的机构负责农药登记具体工作。省、自治区、直辖市人民政府农业主管部门所属的负责农药检定工作的机构协助做好本行政区域的农药登记具体工作。

第八条 国务院农业主管部门组织成立农药登记评审委员会，负责农药登记评审。

农药登记评审委员会由下列人员组成：

（一）国务院农业、林业、卫生、环境保护、粮食、工业行业管理、安全生产监督管理等有关部门和供销合作总社等单位推荐的农药产品化学、药效、毒理、残留、环境、质量标准和检测等方面的专家；

（二）国家食品安全风险评估专家委员会的有关专家；

（三）国务院农业、林业、卫生、环境保护、粮食、工业行业管理、安全生产监督管理等有关部门和供销合作总社等单位的代表。

农药登记评审规则由国务院农业主管部门制定。

第九条 申请农药登记的，应当进行登记试验。

农药的登记试验应当报所在地省、自治区、直辖市人民政府农业主管部门备案。

第十条 登记试验应当由国务院农业主管部门认定的登记试验单位按照国务院农业主管部门的规定进行。

与已取得中国农药登记的农药组成成分、使用范围和使用方法相同的农药，免予残留、环境试验，但已取得中国农药登记的农药依照本条例第十五条的规定在登记资料保护期内的，应当经农药登记证持有人授权同意。

登记试验单位应当对登记试验报告的真实性负责。

第十一条 登记试验结束后，申请人应当向所在地省、自治区、直辖市人民政府农业主管部门提出农药登记申请，并提交登记试验报告、标签样张和农药产品质量标准及其检验方法等申请资料；申请新农药登记的，还应当提供农药标准品。

省、自治区、直辖市人民政府农业主管部门应当自受理申请之日起20个工作日内提出初审意见，并报送国务院农业主管部门。

向中国出口农药的企业申请农药登记的，应当持本条第一款规定的资料、农药标准品以及在有关国家（地区）登记、使用的证明材料，向国务院农业主管部门提出申请。

第十二条 国务院农业主管部门受理申请或者收到省、自治区、直辖市人民政府农业主管部门报送的申请资料后，应当组织审查和登记评审，并自收到评审意见之日起20个工作日内作出审批决定，符合条件的，核发农药登记证；不符合条件的，书面通知申请人并说明理由。

第十三条 农药登记证应当载明农药名称、剂型、有效成分及其含量、毒性、使用范围、使用方法和剂量、登记证持有人、登记证号以及有效期等事项。

农药登记证有效期为5年。有效期届满，需要继续生产农药或者向中国出口农药的，农药登记证持有人应当在有效期届满90日前向国务院农业主管部门申请延续。

农药登记证载明事项发生变化的，农药登记证持有人应当按照国务院农业主管部门的规定申请变更农药登记证。

国务院农业主管部门应当及时公告农药登记证核发、延续、变更情况以及有关的农药产品质量标准号、残留限量规定、检验方法、经核准的标签等信息。

第十四条 新农药研制者可以转让其已取得登记的新农药的登记资料；农药生产企业可以向具有相应生产能力的农药生产企

业转让其已取得登记的农药的登记资料。

第十五条 国家对取得首次登记的、含有新化合物的农药的申请人提交的其自己所取得且未披露的试验数据和其他数据实施保护。

自登记之日起6年内，对其他申请人未经已取得登记的申请人同意，使用前款规定的数据申请农药登记的，登记机关不予登记；但是，其他申请人提交其自己所取得的数据的除外。

除下列情况外，登记机关不得披露本条第一款规定的数据：

（一）公共利益需要；

（二）已采取措施确保该类信息不会被不正当地进行商业使用。

第三章　农药生产

第十六条 农药生产应当符合国家产业政策。国家鼓励和支持农药生产企业采用先进技术和先进管理规范，提高农药的安全性、有效性。

第十七条 国家实行农药生产许可制度。农药生产企业应当具备下列条件，并按照国务院农业主管部门的规定向省、自治区、直辖市人民政府农业主管部门申请农药生产许可证：

（一）有与所申请生产农药相适应的技术人员；

（二）有与所申请生产农药相适应的厂房、设施；

（三）有对所申请生产农药进行质量管理和质量检验的人员、仪器和设备；

（四）有保证所申请生产农药质量的规章制度。

省、自治区、直辖市人民政府农业主管部门应当自受理申请之日起20个工作日内作出审批决定，必要时应当进行实地核查。

符合条件的，核发农药生产许可证；不符合条件的，书面通知申请人并说明理由。

安全生产、环境保护等法律、行政法规对企业生产条件有其他规定的，农药生产企业还应当遵守其规定。

第十八条　农药生产许可证应当载明农药生产企业名称、住所、法定代表人（负责人）、生产范围、生产地址以及有效期等事项。

农药生产许可证有效期为5年。有效期届满，需要继续生产农药的，农药生产企业应当在有效期届满90日前向省、自治区、直辖市人民政府农业主管部门申请延续。

农药生产许可证载明事项发生变化的，农药生产企业应当按照国务院农业主管部门的规定申请变更农药生产许可证。

第十九条　委托加工、分装农药的，委托人应当取得相应的农药登记证，受托人应当取得农药生产许可证。

委托人应当对委托加工、分装的农药质量负责。

第二十条　农药生产企业采购原材料，应当查验产品质量检验合格证和有关许可证明文件，不得采购、使用未依法附具产品质量检验合格证、未依法取得有关许可证明文件的原材料。

农药生产企业应当建立原材料进货记录制度，如实记录原材料的名称、有关许可证明文件编号、规格、数量、供货人名称及其联系方式、进货日期等内容。原材料进货记录应当保存2年以上。

第二十一条　农药生产企业应当严格按照产品质量标准进行生产，确保农药产品与登记农药一致。农药出厂销售，应当经质量检验合格并附具产品质量检验合格证。

农药生产企业应当建立农药出厂销售记录制度，如实记录农药的名称、规格、数量、生产日期和批号、产品质量检验信息、购货人名称及其联系方式、销售日期等内容。农药出厂销售记录应当保存2年以上。

第二十二条　农药包装应当符合国家有关规定，并印制或者贴有标签。国家鼓励农药生产企业使用可回收的农药包装材料。

农药标签应当按照国务院农业主管部门的规定，以中文标注农药的名称、剂型、有效成分及其含量、毒性及其标识、使用范围、使用方法和剂量、使用技术要求和注意事项、生产日期、可追溯电子信息码等内容。

剧毒、高毒农药以及使用技术要求严格的其他农药等限制使用农药的标签还应当标注"限制使用"字样，并注明使用的特别限制和特殊要求。用于食用农产品的农药的标签还应当标注安全间隔期。

第二十三条　农药生产企业不得擅自改变经核准的农药的标签内容，不得在农药的标签中标注虚假、误导使用者的内容。

农药包装过小，标签不能标注全部内容的，应当同时附具说明书，说明书的内容应当与经核准的标签内容一致。

第四章　农药经营

第二十四条　国家实行农药经营许可制度，但经营卫生用农药的除外。农药经营者应当具备下列条件，并按照国务院农业主管部门的规定向县级以上地方人民政府农业主管部门申请农药经营许可证：

（一）有具备农药和病虫害防治专业知识，熟悉农药管理规定，能够指导安全合理使用农药的经营人员；

（二）有与其他商品以及饮用水水源、生活区域等有效隔离的营业场所和仓储场所，并配备与所申请经营农药相适应的防护设施；

（三）有与所申请经营农药相适应的质量管理、台账记录、安全防护、应急处置、仓储管理等制度。

经营限制使用农药的，还应当配备相应的用药指导和病虫害防治专业技术人员，并按照所在地省、自治区、直辖市人民政府农业主管部门的规定实行定点经营。

县级以上地方人民政府农业主管部门应当自受理申请之日起20个工作日内作出审批决定。符合条件的，核发农药经营许可证；不符合条件的，书面通知申请人并说明理由。

第二十五条 农药经营许可证应当载明农药经营者名称、住所、负责人、经营范围以及有效期等事项。

农药经营许可证有效期为5年。有效期届满，需要继续经营农药的，农药经营者应当在有效期届满90日前向发证机关申请延续。

农药经营许可证载明事项发生变化的，农药经营者应当按照国务院农业主管部门的规定申请变更农药经营许可证。

取得农药经营许可证的农药经营者设立分支机构的，应当依法申请变更农药经营许可证，并向分支机构所在地县级以上地方人民政府农业主管部门备案，其分支机构免予办理农药经营许可证。农药经营者应当对其分支机构的经营活动负责。

第二十六条 农药经营者采购农药应当查验产品包装、标签、产品质量检验合格证以及有关许可证明文件，不得向未取得农药生产许可证的农药生产企业或者未取得农药经营许可证的其他农药经营者采购农药。

农药经营者应当建立采购台账，如实记录农药的名称、有关许可证明文件编号、规格、数量、生产企业和供货人名称及其联系方式、进货日期等内容。采购台账应当保存2年以上。

第二十七条 农药经营者应当建立销售台账,如实记录销售农药的名称、规格、数量、生产企业、购买人、销售日期等内容。销售台账应当保存 2 年以上。

农药经营者应当向购买人询问病虫害发生情况并科学推荐农药,必要时应当实地查看病虫害发生情况,并正确说明农药的使用范围、使用方法和剂量、使用技术要求和注意事项,不得误导购买人。

经营卫生用农药的,不适用本条第一款、第二款的规定。

第二十八条 农药经营者不得加工、分装农药,不得在农药中添加任何物质,不得采购、销售包装和标签不符合规定,未附具产品质量检验合格证,未取得有关许可证明文件的农药。

经营卫生用农药的,应当将卫生用农药与其他商品分柜销售;经营其他农药的,不得在农药经营场所内经营食品、食用农产品、饲料等。

第二十九条 境外企业不得直接在中国销售农药。境外企业在中国销售农药的,应当依法在中国设立销售机构或者委托符合条件的中国代理机构销售。

向中国出口的农药应当附具中文标签、说明书,符合产品质量标准,并经出入境检验检疫部门依法检验合格。禁止进口未取得农药登记证的农药。

办理农药进出口海关申报手续,应当按照海关总署的规定出示相关证明文件。

第五章　农药使用

第三十条 县级以上人民政府农业主管部门应当加强农药使用指导、服务工作,建立健全农药安全、合理使用制度,并按照预防为主、综合防治的要求，组织推广农药科学使用技术，规范农药使用行为。林业、粮食、卫生等部门应当加强对林业、储粮、卫生用农药安全、合理使用的技术指导，环境保护主管部门应当加强对农药使用过程中环境保护和污染防治的技术指导。

第三十一条　县级人民政府农业主管部门应当组织植物保护、农业技术推广等机构向农药使用者提供免费技术培训，提高农药安全、合理使用水平。

国家鼓励农业科研单位、有关学校、农民专业合作社、供销合作社、农业社会化服务组织和专业人员为农药使用者提供技术服务。

第三十二条　国家通过推广生物防治、物理防治、先进施药器械等措施，逐步减少农药使用量。

县级人民政府应当制定并组织实施本行政区域的农药减量计划；对实施农药减量计划、自愿减少农药使用量的农药使用者，给予鼓励和扶持。

县级人民政府农业主管部门应当鼓励和扶持设立专业化病虫害防治服务组织，并对专业化病虫害防治和限制使用农药的配药、用药进行指导、规范和管理，提高病虫害防治水平。

县级人民政府农业主管部门应当指导农药使用者有计划地轮换使用农药，减缓危害农业、林业的病、虫、草、鼠和其他有害生物的抗药性。

乡、镇人民政府应当协助开展农药使用指导、服务工作。

第三十三条　农药使用者应当遵守国家有关农药安全、合理使用制度，妥善保管农药，并在配药、用药过程中采取必要的防护措施，避免发生农药使用事故。

限制使用农药的经营者应当为农药使用者提供用药指导，并逐步提供统一用药服务。

第三十四条 农药使用者应当严格按照农药的标签标注的使用范围、使用方法和剂量、使用技术要求和注意事项使用农药，不得扩大使用范围、加大用药剂量或者改变使用方法。

农药使用者不得使用禁用的农药。

标签标注安全间隔期的农药，在农产品收获前应当按照安全间隔期的要求停止使用。

剧毒、高毒农药不得用于防治卫生害虫，不得用于蔬菜、瓜果、茶叶、菌类、中草药材的生产，不得用于水生植物的病虫害防治。

第三十五条 农药使用者应当保护环境，保护有益生物和珍稀物种，不得在饮用水水源保护区、河道内丢弃农药、农药包装物或者清洗施药器械。

严禁在饮用水水源保护区内使用农药，严禁使用农药毒鱼、虾、鸟、兽等。

第三十六条 农产品生产企业、食品和食用农产品仓储企业、专业化病虫害防治服务组织和从事农产品生产的农民专业合作社等应当建立农药使用记录，如实记录使用农药的时间、地点、对象以及农药名称、用量、生产企业等。农药使用记录应当保存2年以上。

国家鼓励其他农药使用者建立农药使用记录。

第三十七条 国家鼓励农药使用者妥善收集农药包装物等废弃物；农药生产企业、农药经营者应当回收农药废弃物，防止农药污染环境和农药中毒事故的发生。具体办法由国务院环境保护主管部门会同国务院农业主管部门、国务院财政部门等部门制定。

第三十八条 发生农药使用事故，农药使用者、农药生产企业、农药经营者和其他有关人员应当及时报告当地农业主管部门。

接到报告的农业主管部门应当立即采取措施，防止事故扩大，同时通知有关部门采取相应措施。造成农药中毒事故的，由农业主管部门和公安机关依照职责权限组织调查处理，卫生主管部门应当按照国家有关规定立即对受到伤害的人员组织医疗救治；造成环境污染事故的，由环境保护等有关部门依法组织调查处理；造成储粮药剂使用事故和农作物药害事故的，分别由粮食、农业等部门组织技术鉴定和调查处理。

第三十九条 因防治突发重大病虫害等紧急需要，国务院农业主管部门可以决定临时生产、使用规定数量的未取得登记或者禁用、限制使用的农药，必要时应当会同国务院对外贸易主管部门决定临时限制出口或者临时进口规定数量、品种的农药。

前款规定的农药，应当在使用地县级人民政府农业主管部门的监督和指导下使用。

第六章 监督管理

第四十条 县级以上人民政府农业主管部门应当定期调查统计农药生产、销售、使用情况，并及时通报本级人民政府有关部门。

县级以上地方人民政府农业主管部门应当建立农药生产、经营诚信档案并予以公布；发现违法生产、经营农药的行为涉嫌犯罪的，应当依法移送公安机关查处。

第四十一条 县级以上人民政府农业主管部门履行农药监督管理职责，可以依法采取下列措施：

（一）进入农药生产、经营、使用场所实施现场检查；

（二）对生产、经营、使用的农药实施抽查检测；

（三）向有关人员调查了解有关情况；

（四）查阅、复制合同、票据、账簿以及其他有关资料；

（五）查封、扣押违法生产、经营、使用的农药，以及用于违法生产、经营、使用农药的工具、设备、原材料等；

（六）查封违法生产、经营、使用农药的场所。

第四十二条 国家建立农药召回制度。农药生产企业发现其生产的农药对农业、林业、人畜安全、农产品质量安全、生态环境等有严重危害或者较大风险的，应当立即停止生产，通知有关经营者和使用者，向所在地农业主管部门报告，主动召回产品，并记录通知和召回情况。

农药经营者发现其经营的农药有前款规定的情形的，应当立即停止销售，通知有关生产企业、供货人和购买人，向所在地农业主管部门报告，并记录停止销售和通知情况。

农药使用者发现其使用的农药有本条第一款规定的情形的，应当立即停止使用，通知经营者，并向所在地农业主管部门报告。

第四十三条 国务院农业主管部门和省、自治区、直辖市人民政府农业主管部门应当组织负责农药检定工作的机构、植物保护机构对已登记农药的安全性和有效性进行监测。

发现已登记农药对农业、林业、人畜安全、农产品质量安全、生态环境等有严重危害或者较大风险的，国务院农业主管部门应当组织农药登记评审委员会进行评审，根据评审结果撤销、变更相应的农药登记证，必要时应当决定禁用或者限制使用并予以公告。

第四十四条 有下列情形之一的，认定为假农药：

（一）以非农药冒充农药；

（二）以此种农药冒充他种农药；

（三）农药所含有效成分种类与农药的标签、说明书标注的有效成分不符。

禁用的农药，未依法取得农药登记证而生产、进口的农药，以及未附具标签的农药，按照假农药处理。

第四十五条 有下列情形之一的，认定为劣质农药：

（一）不符合农药产品质量标准；

（二）混有导致药害等有害成分。

超过农药质量保证期的农药，按照劣质农药处理。

第四十六条 假农药、劣质农药和回收的农药废弃物等应当交由具有危险废物经营资质的单位集中处置，处置费用由相应的农药生产企业、农药经营者承担；农药生产企业、农药经营者不明确的，处置费用由所在地县级人民政府财政列支。

第四十七条 禁止伪造、变造、转让、出租、出借农药登记证、农药生产许可证、农药经营许可证等许可证明文件。

第四十八条 县级以上人民政府农业主管部门及其工作人员和负责农药检定工作的机构及其工作人员，不得参与农药生产、经营活动。

第七章　法律责任

第四十九条 县级以上人民政府农业主管部门及其工作人员有下列行为之一的，由本级人民政府责令改正；对负有责任的领导人员和直接责任人员，依法给予处分；负有责任的领导人员和直接责任人员构成犯罪的，依法追究刑事责任：

（一）不履行监督管理职责，所辖行政区域的违法农药生产、经营活动造成重大损失或者恶劣社会影响；

（二）对不符合条件的申请人准予许可或者对符合条件的申

请人拒不准予许可；

（三）参与农药生产、经营活动；

（四）有其他徇私舞弊、滥用职权、玩忽职守行为。

第五十条 农药登记评审委员会组成人员在农药登记评审中谋取不正当利益的，由国务院农业主管部门从农药登记评审委员会除名；属于国家工作人员的，依法给予处分；构成犯罪的，依法追究刑事责任。

第五十一条 登记试验单位出具虚假登记试验报告的，由省、自治区、直辖市人民政府农业主管部门没收违法所得，并处5万元以上10万元以下罚款；由国务院农业主管部门从登记试验单位中除名，5年内不再受理其登记试验单位认定申请；构成犯罪的，依法追究刑事责任。

第五十二条 未取得农药生产许可证生产农药或者生产假农药的，由县级以上地方人民政府农业主管部门责令停止生产，没收违法所得、违法生产的产品和用于违法生产的工具、设备、原材料等，违法生产的产品货值金额不足1万元的，并处5万元以上10万元以下罚款，货值金额1万元以上的，并处货值金额10倍以上20倍以下罚款，由发证机关吊销农药生产许可证和相应的农药登记证；构成犯罪的，依法追究刑事责任。

取得农药生产许可证的农药生产企业不再符合规定条件继续生产农药的，由县级以上地方人民政府农业主管部门责令限期整改；逾期拒不整改或者整改后仍不符合规定条件的，由发证机关吊销农药生产许可证。

农药生产企业生产劣质农药的，由县级以上地方人民政府农业主管部门责令停止生产，没收违法所得、违法生产的产品和用于违法生产的工具、设备、原材料等，违法生产的产品货值金额不足1万元的，并处1万元以上5万元以下罚款，货值金额1万元以上的，并处货值金额5倍以上10倍以下罚款；情节严重的，由发证机关吊销农药生产许可证和相应的农药登记证；构成犯罪的，依法追究刑事责任。

委托未取得农药生产许可证的受托人加工、分装农药，或者委托加工、分装假农药、劣质农药的，对委托人和受托人均依照本条第一款、第三款的规定处罚。

第五十三条 农药生产企业有下列行为之一的，由县级以上地方人民政府农业主管部门责令改正，没收违法所得、违法生产的产品和用于违法生产的原材料等，违法生产的产品货值金额不足1万元的，并处1万元以上2万元以下罚款，货值金额1万元以上的，并处货值金额2倍以上5倍以下罚款；拒不改正或者情节严重的，由发证机关吊销农药生产许可证和相应的农药登记证：

（一）采购、使用未依法附具产品质量检验合格证、未依法取得有关许可证明文件的原材料；

（二）出厂销售未经质量检验合格并附具产品质量检验合格证的农药；

（三）生产的农药包装、标签、说明书不符合规定；

（四）不召回依法应当召回的农药。

第五十四条 农药生产企业不执行原材料进货、农药出厂销售记录制度，或者不履行农药废弃物回收义务的，由县级以上地方人民政府农业主管部门责令改正，处1万元以上5万元以下罚款；拒不改正或者情节严重的，由发证机关吊销农药生产许可证和相应的农药登记证。

第五十五条 农药经营者有下列行为之一的，由县级以上地方人民政府农业主管部门责令停止经营，没收违法所得、违法经营的农药和用于违法经营的工具、设备等，违法经营的农药货值金额不足 1 万元的，并处 5 000 元以上 5 万元以下罚款，货值金额 1 万元以上的，并处货值金额 5 倍以上 10 倍以下罚款；构成犯罪的，依法追究刑事责任：

（一）违反本条例规定，未取得农药经营许可证经营农药；

（二）经营假农药；

（三）在农药中添加物质。

有前款第二项、第三项规定的行为，情节严重的，还应当由发证机关吊销农药经营许可证。

取得农药经营许可证的农药经营者不再符合规定条件继续经营农药的，由县级以上地方人民政府农业主管部门责令限期整改；逾期拒不整改或者整改后仍不符合规定条件的，由发证机关吊销农药经营许可证。

第五十六条 农药经营者经营劣质农药的，由县级以上地方人民政府农业主管部门责令停止经营，没收违法所得、违法经营的农药和用于违法经营的工具、设备等，违法经营的农药货值金额不足 1 万元的，并处 2 000 元以上 2 万元以下罚款，货值金额 1 万元以上的，并处货值金额 2 倍以上 5 倍以下罚款；情节严重的，由发证机关吊销农药经营许可证；构成犯罪的，依法追究刑事责任。

第五十七条 农药经营者有下列行为之一的，由县级以上地方人民政府农业主管部门责令改正，没收违法所得和违法经营的农药，并处 5 000 元以上 5 万元以下罚款；拒不改正或者情节严重的，由发证机关吊销农药经营许可证：

（一）设立分支机构未依法变更农药经营许可证，或者未向分支机构所在地县级以上地方人民政府农业主管部门备案；

（二）向未取得农药生产许可证的农药生产企业或者未取得农药经营许可证的其他农药经营者采购农药；

（三）采购、销售未附具产品质量检验合格证或者包装、标签不符合规定的农药；

（四）不停止销售依法应当召回的农药。

第五十八条 农药经营者有下列行为之一的，由县级以上地方人民政府农业主管部门责令改正；拒不改正或者情节严重的，处2 000元以上2万元以下罚款，并由发证机关吊销农药经营许可证：

（一）不执行农药采购台账、销售台账制度；

（二）在卫生用农药以外的农药经营场所内经营食品、食用农产品、饲料等；

（三）未将卫生用农药与其他商品分柜销售；

（四）不履行农药废弃物回收义务。

第五十九条 境外企业直接在中国销售农药的，由县级以上地方人民政府农业主管部门责令停止销售，没收违法所得、违法经营的农药和用于违法经营的工具、设备等，违法经营的农药货值金额不足5万元的，并处5万元以上50万元以下罚款，货值金额5万元以上的，并处货值金额10倍以上20倍以下罚款，由发证机关吊销农药登记证。

取得农药登记证的境外企业向中国出口劣质农药情节严重或者出口假农药的，由国务院农业主管部门吊销相应的农药登记证。

第六十条 农药使用者有下列行为之一的，由县级人民政府农业主管部门责令改正，农药使用者为农产品生产企业、食品和食用农产品仓储企业、专业化病虫害防治服务组织和从事农产品生产的农民专业合作社等单位的，处5万元以上10万元以下罚款，农药使用者为个人的，处1万元以下罚款；构成犯罪的，依法追究刑事责任：

（一）不按照农药的标签标注的使用范围、使用方法和剂量、使用技术要求和注意事项、安全间隔期使用农药；

（二）使用禁用的农药；

（三）将剧毒、高毒农药用于防治卫生害虫，用于蔬菜、瓜果、茶叶、菌类、中草药材生产或者用于水生植物的病虫害防治；

（四）在饮用水水源保护区内使用农药；

（五）使用农药毒鱼、虾、鸟、兽等；

（六）在饮用水水源保护区、河道内丢弃农药、农药包装物或者清洗施药器械。

有前款第二项规定的行为的，县级人民政府农业主管部门还应当没收禁用的农药。

第六十一条　农产品生产企业、食品和食用农产品仓储企业、专业化病虫害防治服务组织和从事农产品生产的农民专业合作社等不执行农药使用记录制度的，由县级人民政府农业主管部门责令改正；拒不改正或者情节严重的，处 2 000 元以上 2 万元以下罚款。

第六十二条　伪造、变造、转让、出租、出借农药登记证、农药生产许可证、农药经营许可证等许可证明文件的，由发证机关收缴或者予以吊销，没收违法所得，并处 1 万元以上 5 万元以下罚款；构成犯罪的，依法追究刑事责任。

第六十三条　未取得农药生产许可证生产农药，未取得农药经营许可证经营农药，或者被吊销农药登记证、农药生产许可证、农药经营许可证的，其直接负责的主管人员 10 年内不得从事农药生产、经营活动。

农药生产企业、农药经营者招用前款规定的人员从事农药生产、经营活动的，由发证机关吊销农药生产许可证、农药经营许可证。

被吊销农药登记证的，国务院农业主管部门5年内不再受理其农药登记申请。

第六十四条 生产、经营的农药造成农药使用者人身、财产损害的，农药使用者可以向农药生产企业要求赔偿，也可以向农药经营者要求赔偿。属于农药生产企业责任的，农药经营者赔偿后有权向农药生产企业追偿；属于农药经营者责任的，农药生产企业赔偿后有权向农药经营者追偿。

第八章 附 则

第六十五条 申请农药登记的，申请人应当按照自愿有偿的原则，与登记试验单位协商确定登记试验费用。

第六十六条 本条例自2017年6月1日起施行。

参考文献

董向丽,王思芳,孙家隆,2019. 农药科学使用技术[M]. 2版. 北京:化学工业出版社.

封洪强,2016. 蔬菜病虫草害原色图解[M]. 北京:中国农业科学技术出版社.

李巧芝,柴俊霞,2021. 大豆病虫害识别与绿色防控图谱[M]. 郑州:河南科学技术出版社.

刘剑青,嵇道生,2016. 农作物病虫害专业化统防统治与绿色防控[M]. 北京:中国农业科学技术出版社.

史致国,金红云,2014. 农药与农作物有害生物综合防控[M]. 北京:中国农业科学技术出版社.

王燕,闵红,2021. 玉米病虫害识别与绿色防控图谱[M]. 郑州:河南科学技术出版社.

杨普云,李萍,王立颖,等,2018. 农作物害虫食源诱控技术[M]. 北京:中国农业出版社.

杨普云,赵中华,2012. 农作物病虫害绿色防控技术指南[M]. 北京:中国农业出版社.